W0259989

Elemente

der

Technologischen Mechanik.

Von

P. Ludwik.

Mit 20 Textfiguren und 3 lithographierten Tafeln.

Springer-Verlag Berlin Heidelberg GmbH 1909

Additional material to this book can be downloaded from http://extras.springer.com

ISBN 978-3-662-39265-2 ISBN 978-3-662-40293-1 (eBook)
DOI 10.1007/978-3-662-40293-1

Universitäts-Buchdruckerei von Gustav Schade (Otto Francke), Berlin N. 24 und Fürstenwalde (Spree).

Vorwort.

Vorliegende Arbeit, der Abschluß mehrjähriger einschlägiger Studien, sei ein Versuch, die bei einfachen bleibenden Formänderungen stattfindenden Vorgänge einheitlich darzustellen.

Einerseits soll gezeigt werden, daß die Deformationsdiagramme bei einfachen Beanspruchungen (Zug, Druck und Schub) in gesetzmäßiger gegenseitiger Beziehung stehen und aus einer einzigen, die technologische Qualität des Materiales charakterisierenden Kurve (der „Fließkurve") ableitbar sind; anderseits, daß diese Beziehung ganz neuartige Ausblicke für die Beurteilung diverser technologischer Proben und Wertziffern eröffnet.

Möge dies Büchlein eine für die mechanische Technologie wie für das Materialprüfungswesen gleich wichtige wissenschaftliche Behandlung der bleibenden Formänderungen: eine „Technologische Mechanik" anbahnen.

Wien, im September 1909.

P. Ludwik.

Inhaltsverzeichnis.

Einleitung.

Die mechanische Technologie ist die Lehre von der mechanischen Verarbeitung der Rohmaterialien zu Gebrauchsgegenständen.

Jede solche Verarbeitung beruht auf bleibenden Materialdeformationen.

Die Kenntnis der Gesetze dieser Deformationen ist daher die Vorbedingung für eine wissenschaftliche Behandlung der mechanischen Technologie und insbesondere der technischen Materialienkunde, welche einen der wichtigsten Teile der Technologie bildet.

Unerläßliche Aufgabe der modernen Technologie muß es also sein, die Gesetze der bleibenden Deformationen zu ergründen und so eine Mechanik der bleibenden Formänderungen zu schaffen, eine Wissenschaft, welche wir seinerzeit als „Technologische Mechanik" charakterisiert haben[1]).

Derzeit befindet sich die technologische Mechanik leider noch in einem recht embryonalen Entwicklungsstadium, wenn auch in der letzten Zeit Arbeiten von Bach, Bouasse, Duguet, Feret, H. Fischer,

[1]) Siehe „Technische Blätter" 1906 (S. 73), seit welchem Jahre der Verfasser über diesen Gegenstand an der technischen Hochschule in Wien ein Kolleg mit folgendem Programme liest: I. Über das Wesen der bleibenden Formänderungen (Flüssigkeitsbegriff, innere Reibung, Fließen fester Körper, die „Fließkurve" und deren Bedeutung für die Materialprüfung, Einschlägiges aus der biologischen Metallographie usw.). II. Technologische Grundeigenschaften (Härte, relative und absolute Härtebestimmung, Zähigkeit und Schmeidigkeit, Sprödigkeit, Bildsamkeit usw.). III. Einfache, bei bleibenden Formänderungen auftretende Beanspruchungen (Zug, Druck, Schub usw.) und Hypothesen über deren gegenseitige Beziehungen (Theorien von Duguet, Mohr und Rejtö, Bestimmung der Fließkurve aus dem Zug-, Druck- und Torsionsdiagramm usw.). IV. Zusammengesetzte bei bleibenden Formänderungen (insbes. beim Biegen, Stanzen, Walzen, Hämmern, Scheren, Lochen, Hobeln) auftretende Beanspruchungen mit besonderer Berücksichtigung der Deformationswiderstände. V. Über den Kraftbedarf von Werkzeugmaschinen.

Haußner, Heyn, Kick, Kirsch, O. Lehmann, Martens, Mesnager, Mohr, Rejtö, Rudeloff, A. Voigt und andere hier wertvolle Anregungen gegeben haben.

Während über den Beginn der bleibenden Deformation bzw. über die Beziehung der Elastizitätsgrenzen bei verschiedenen Beanspruchungsarten doch schon recht beachtenswerte Hypothesen vorliegen[2]) (von Coulomb, Duguet, Mohr und anderen), sind die bei der bleibenden Deformation selbst stattfindenden Vorgänge bzw. die gegenseitigen Beziehungen der Deformationsdiagramme auch bei den einfachsten Beanspruchungen (wie z. B. die Beziehungen zwischen Zug-, Druck- und Torsionsdiagramm), also die Elemente der technologischen Mechanik, noch völlig ungeklärt. Soweit uns wenigstens bekannt geworden, sind die hier auftretenden interessanten Probleme nur von Professor A. Rejtö[3]) (Budapest) behandelt worden. Die Rejtösche Theorie der bleibenden Formänderungen — welche bisher allseits kritiklos aufgenommen wurde — beruht bekanntlich auf der Annahme, daß eine Kraftübertragung nur in der Richtung der Verbindungslinie der Molekülschwerpunkte stattfindet, daß die Neigung dieser Linien zur Richtung der äußeren Kraft lediglich von der Form der Moleküle abhängt, und daß gleichen prozentischen Maßvergrößerungen in der Zug- bzw. senkrecht zur Druckrichtung auch gleiche „innere Reibungen" (im Rejtöschen Sinne) entsprechen[4]).

Im folgenden sei uns der Versuch gestattet — ohne auf eine hier viel zu weit führende Kritik der Rejtöschen Auffassung einzugehen — das vorliegende Problem von einem grundsätzlich verschiedenen Standpunkte aus zu beleuchten.

Annahmen über die Körperbeschaffenheit.

Der Körper bestehe aus elastischen Elementen (Molekülgruppen, Massenteilchen), welche sich berühren und (unter gewissen Bedingungen) gegeneinander bleibend verschieben lassen. Im Verhältnis zu den betrachteten Deformationen sei die Größe dieser Körperelemente ver-

---

[2]) Die übliche Übertragung derartiger Hypothesen auch auf den Bruchzustand scheint uns schon darum unzulässig, weil die Eigenschaften, insbesondere schmeidiger Materialien, sich während der dem Bruche vorangehenden Deformation bei verschiedenen Beanspruchungsarten oft verschieden ändern.

[3]) A. Rejtö, „Die innere Reibung der festen Körper als Beitrag zur theoretischen mechanischen Technologie" — deutsch von K. Gaul — Leipzig 1897, Artur Felix.

[4]) Über die weitere Aus- und Umgestaltung der Rejtöschen Theorie vergl. „Baumaterialienkunde", Jg. 1900 u. f.

schwindend und der ganze Körper homogen und isotrop[5]). Jene spezifische Normalkraft (Zugspannung), welche erforderlich ist, eine Berührung benachbarter Körperelemente aufzuheben, sei mit „Kohäsion", jene spezifische Tangentialkraft (Schubspannung), die nötig ist, eine bleibende relative Verschiebung derselben einzuleiten, mit „innere Reibung" R[6]) angesprochen. Die Größe der inneren Reibung sei insbesondere abhängig von der ursprünglichen Materialbeschaffenheit, der Art und Größe der vorangegangenen spezifischen Schiebung (also vom Fließvorgange), der Größe der Normalspannung (Zug- oder Druckspannung) senkrecht zur Schiebungsrichtung und von der Größe der Verschiebungsgeschwindigkeit[7]). Elastische Formänderungen denken wir uns auf der elastischen Deformierbarkeit der Körperelemente[8]), bleibende auf deren bleibender relativen Verschiebbarkeit beruhend.

---

[5]) Die meisten Körper, wie z. B. die Metalle, bestehen nicht aus gleichartigen Massenteilchen, sondern aus mehr oder weniger unregelmäßig abgegrenzten Gruppen unzähliger gesetzmäßig angeordneter Moleküle, sogenannter „Gefügeelemente" oder „Krystallkörner", welche sich häufig nach ähnlichen Gesetzen deformieren wie der Gesamtkörper. Die so entstehende Körperstruktur wird natürlich die lokalen Deformationen beeinflussen.

Für unsere Betrachtung ist dies jedoch von mehr untergeordneter Bedeutung, da die Größe der Krystallkörner gegen jene der betrachteten Deformationen wesentlich zurücktritt.

Hierzu sei erinnert, daß der Begriff der Homogenität überhaupt eigentlich nur ein relativer ist. Treffend sagt diesbezüglich Bouasse: „Wer sagt denn, daß die unter dem Mikroskope als homogen erscheinenden kleinen Bestandteile des heterogenen Stoffes nicht auch heterogen sind? Gibt es ein notwendiges Band zwischen der wirklichen Homogenität und der nur scheinbaren? Kann nicht jedes unendlich kleine Teilchen eine vollständige Welt in sich sein, vollständig heterogen und das Ganze, trotz der Heterogenität der Elementarbestandteile, doch vollständig homogen unter dem Mikroskope erscheinen? (Nach A. Voigt, Verhandlungen des Vereines zur Beförderung des Gewerbefleißes, Okt. und Nov. 1907, S. 475.)

[6]) Der Begriff der inneren Reibung fester Körper dürfte von W. Thomson (Proc. Roy. Soc., Mai 1865) eingeführt worden sein.

[7]) Im allgemeinen wächst die innere Reibung mit der Härte, der spezifischen Schiebung, der Druckspannung (senkrecht zur Gleitfläche) und der Verschiebungsgeschwindigkeit; doch ist die Größe dieser Einflüsse bei verschiedenen Materialien oft recht verschieden.

Hiernach unterscheiden sich auch die Grenztypen der „festen" und der „flüssigen" Körper, indem für den Ruhezustand (also für die Verschiebungsgeschwindigkeit gleich Null) bei ersteren $R > 0$, bei letzteren aber — trotz oft nicht unbeträchtlicher Kohäsion (vgl. O. Lehmann, „Molekularphysik", 1. Band, S. 243 — Leipzig 1888, Engelmann) — $R = 0$ ist.

[8]) Die eigentlichen Ursachen der elastischen Deformierbarkeit sind be-

Untersuchen wir nun, wie sich ein solcher Körper unter den einfachsten Beanspruchungen (Zug, Druck und Schub bzw. Torsion) verhalten würde, bei Vernachlässigung der elastischen Deformationen und vorläufiger Nichtberücksichtigung der Geschwindigkeit der Deformation, welcher Einfluß erst im 3. Teile gesonderte Behandlung finden soll[9]).

---

kanntlich noch nicht aufgehellt, daher man sich derzeit noch begnügen muß, die am Gesamtkörper beobachtete elastische Deformierbarkeit durch die gleiche Eigenschaft der Körperelemente zu „erklären“.

[9]) Daß bleibende Deformationen durch Biegung auf Zug- und Druckbeanspruchungen zurückführbar sind, wurde früher schon anderorts ausgeführt. Vgl. P. Ludwik, „Technologische Studie über Blechbiegung, ein Beitrag zur Mechanik der Formänderungen“ — „Technische Blätter“, 1903, Seite 133 und „Zur Frage der Spannungsverteilung in gekrümmten stabförmigen Körpern mit veränderlichem Dehnungskoeffizienten“ — „Technische Blätter“ 1905, Seite 1.

Eine kurze vorläufige Mitteilung über die Beziehung zwischen Zug-, Druck- und Torsionsdiagramm veröffentlichten wir unter dem Titel: „Über Grundlagen der technologischen Mechanik“ in der „Österr. Wochenschrift für den öffentlichen Baudienst“ 1908, Heft 42, S. 762 und (auszugsweise) in den Berichten des Kopenhagener internationalen Materialprüfungskongresses, September 1909.

Erster Teil.

Fließvorgänge bei einfachen Beanspruchungen.

1. Zugbeanspruchung.

Der Probestab sei aus möglichst homogenem und schmeidigem Materiale (z. B. Kupfer). Die Einspannung erfolge tunlichst zentrisch in den Köpfen K K' (vgl. Fig. 1). m n und m' n' seien zwei im Abstande l_0 angebrachte Marken und hier nur die in den dazwischen liegenden Stabpartien gleichen Querschnitts f_0 sich abspielenden Fließvorgänge in Betracht gezogen.

Von ganz besonderem Interesse wird vor allem die Frage sein, wann (bei welcher Beanspruchung), wo (in welchen Flächen) und wie (in welcher Weise) die ersten bleibenden Deformationen auftreten.

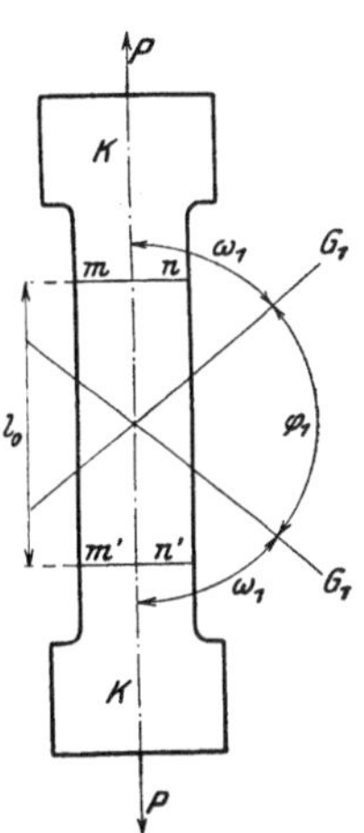

Fig. 1.

Wie eingangs erwähnt, beruht jede bleibende Formänderung auf einer dauernden relativen Verschiebung der Massenteilchen, welcher Verschiebung die als spezifischer Schubwiderstand aufzufassende „innere Reibung“ entgegenwirkt. Solange demnach die durch die Belastung P hervorgerufenen Schubspannungen τ den Wert der inneren Reibung R nicht überschreiten, können lediglich elastische Formänderungen stattfinden. Die erste bleibende Deformation erfolgt also, sobald $\tau = R$.

Wäre nun die innere Reibung unabhängig von der Belastung, also im beanspruchten Materiale ebenso groß wie im unbeanspruchten, so müßten, da die maximale Schubspannung $\tau_{max} = {}^1/_2 P/f_0$ in unter 45^0 gegen die Kraftrichtung geneigten Flächen auftritt, dort auch stets die ersten bleibenden Deformationen entstehen.

Da wir jedoch — um stets tunlichste Anschmiegung der theoretischen an die wirklichen Verhältnisse zu ermöglichen — ganz allgemein die innere Reibung als von der Belastung bzw. von der Normalspannung σ

(normal zur Schiebungsrichtung) beeinflußt annahmen, so müssen die Flächen maximaler Schubbeanspruchung mit jenen — im folgenden als „Gleitflächen“ G bezeichneten — Flächen beginnender bleibender Deformation nicht zusammenfallen.

Die Art der Abhängigkeit der inneren Reibung von dieser Normalspannung σ dürfte bei verschiedenen Materialien eine verschiedene sein. Aus Beobachtungen an Fließfiguren etc. (vgl. weiter unten) scheint hervorzugehen, daß die innere Reibung (sowie die äußere Reibung) mitunter etwas abnimmt, wenn in der Gleitfläche neben der Schubspannung noch eine Zugspannung $+\sigma$, hingegen zunimmt, wenn dort eine Druckspannung $-\sigma$ vorhanden ist.

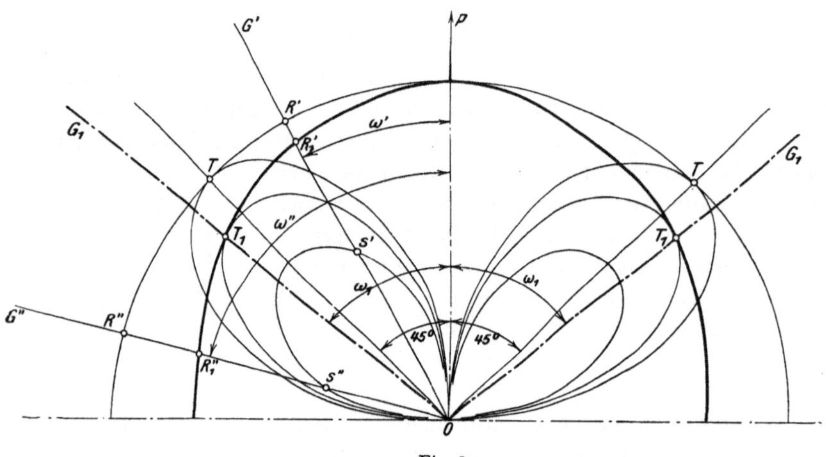

Fig. 2.

Daher wird auch der — im folgenden stets mit „Wirkungswinkel“ ω bezeichnete — Winkel, welchen die Gleitflächen mit der Kraftrichtung einschließen, im allgemeinen nicht genau 45°, sondern es wird bei Zug $\omega_1 > 45^0$ (vgl. Fig. 1) und bei Druck $\omega_2 < 45^0$ sein.

In Fig. 2 wurde dies graphisch möglichst anschaulich dargestellt. G', G'' . . . seien beliebige gegen die Zugrichtung unter Winkeln ω', ω'' . . . geneigte Ebenen. Bei einer gewissen Belastung P treten in diesen Ebenen Schubspannungen $\tau = \frac{1}{2} P/f_0 \sin 2\omega$ von der Größe o S', o S'' . . . auf, welchen innere Reibungen von der Größe o R', o R'' . . . entgegenwirken. Wäre die innere Reibung des Materials von der Belastung (bzw. von der Größe der Normalspannung σ) völlig unabhängig, so würde o R' = o R'' = . . ., also die Kurve R' R'' . . . ein um o konzentrischer Kreis sein. Falls jedoch (wie vorausgesetzt) die innere Reibung sich mit der Belastung event. in der Weise verändert, daß mit zunehmender

Normalzugspannung $\sigma = P/f_0 \sin^2 \omega$ (normal zu den Ebenen G', G'' ...) die innere Reibung R (in den Ebenen G', G'' ...) abnimmt, so müßte, (da σ mit ω zunimmt), R mit wachsendem ω abnehmen. Daher wird der Kreis R' R''... in eine Kurve $R_1' R_1''$... übergehen (wobei $o R' > o R_1' > o R_1''$...), welche um so mehr von der Kreisform abweicht, je stärker R von σ beeinflußt wird.

Bei allmählich steigender Belastung P wird die erste bleibende Deformation eintreten, sobald in irgend einem Punkte des Körpers die Schubspannung τ die innere Reibung des Materiales (in diesem Punkte) überwindet, sobald also die Kurve S' S'' ... die Kurve $R_1' R_1''$ ... berührt.

Findet diese Berührung z. B. im Punkte T_1 statt, so ist der Winkel, den die zugehörige Ebene G_1 gegen die Zugrichtung einschließt, der gesuchte Wirkungswinkel ω_1 (vgl. Fig. 1 und 2).

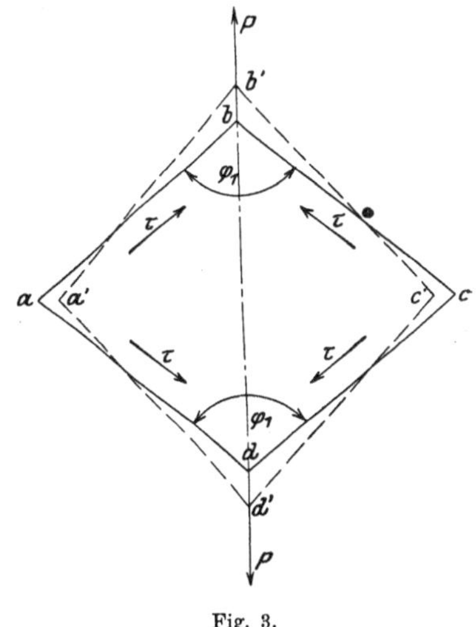

Fig. 3.

Aus der zur Zugrichtung symmetrischen Lage der Kurven S' S'' ... und $R_1' R_1''$ ... ist auch unmittelbar ersichtlich, daß gleichzeitig stets zwei, gegen die Hauptspannungsrichtung gleichgeneigte, Scharen von Gleitflächen auftreten müssen. Der (kleinere) Winkel, unter welchem sich diese beiden Gleitflächensysteme kreuzen, sei mit „Gleitwinkel" φ (φ_1 für Zug und φ_2 für Druck) bezeichnet[10]).

In Figur 3 seien in G_1 je zwei in einem beliebigen Abstande voneinander befindliche Gleitflächenpaare herausgegriffen.

Den Beginn der bleibenden Deformationen hätte man sich dann in der Weise vorzustellen, daß unter der Einwirkung der stets paarweise auftretenden Schubspannungen τ, a b c d in a' b' c' d' überzugehen sucht.

[10]) Für den Spezialfall, daß R sich proportional mit σ ändert, läßt sich zeigen, daß

$$\omega_1 + \omega_2 = 90^0 \text{ bzw. } \varphi_1 = \varphi_2.$$

Hierauf näher einzugehen, scheint uns hier jedoch unnötig, weil (wie spätere Versuche zeigen werden) der Einfluß von σ auf R meist so klein ist, daß er — wenigstens für die vorliegenden Betrachtungen — eventuell auch ganz vernachlässigt werden könnte.

Äußerlich ist der Fließbeginn oft an dem Mattwerden polierter Flächen und die Gleitflächenneigung mitunter (insbes. bei manchen Eisensorten) an auftretenden „Fließfiguren“[11]) zu erkennen.

Die bisher angestellten Betrachtungen sind grundsätzlich nicht neu und auch aus den Theorien von Duguet-Feret[12]), Mohr[13]) u. a. abzuleiten. Sie führen aber leider nur bis zum Beginn der bleibenden Deformation, während wir uns eingangs die Aufgabe gestellt haben, die

---

[11]) Die Möglichkeit des Erscheinens von regelmäßigen Fließfiguren bzw. ausgesprochenen Streifungen (Doppeldiagonal- und Querstreifungen) dürfte vermutlich an eine scharf ausgeprägte Fließgrenze („Inflexion“ — vgl. Anm. 56), eventuell auch an eine schon durch die Materialstruktur bedingte Heterogenität des Materials (vgl. Anm. 5) gebunden sein.

Auch scheint die Neigung dieser Streifung (zur Hauptspannungsrichtung) fallweise noch von Nebenumständen nicht unwesentlich beeinflußt zu werden.

Erwähnt sei hier ferner, daß die in der neueren französ. technischen Literatur mit Vorliebe als „Hartmannsche Linien“ (L. Hartmann, „Distribution des déformations dans les métaux soumis à des efforts“ — 1896, Paris, Berger-Levrault & Cie.) bezeichneten „Fließfiguren“ bereits im Jahre 1854 von Lüders (Dinglers polytechnisches Journal 1860, Band 155, Seite 18) und später wiederholt von Bauschinger (1874), Cooper (1878), Beck-Gerhard (1884), Tetmajer (1885), Martens (1890), Kirkaldy (1891), Rejtö (1896), Hönigsberg (1902) u. a. beobachtet und insbes. von B. Kirsch (B. Kirsch, „Beiträge zum Studium des Fließens, insbesondere beim Eisen und Stahl“ — Mitteilungen aus den Königlichen technischen Versuchsanstalten zu Berlin 1887, S. 69; 1888, S. 37; 1889, S. 9) bereits 9 Jahre vor Hartmann eingehend studiert worden sind. (Vgl. P. Ludwik, „Zugversuche mit Flußeisen“, „Technische Blätter“ 1904, S. 17.)

Endlich ist hier noch hervorzuheben, daß über die Entstehungsursachen der Fließfiguren die Meinungen noch recht geteilt sind. So z. B. deutet diese Figuren Rejtö (vgl. Anm. 3) aus seinem bekannten Molekularnetze (Verbindungslinien der Schwerpunkte der Moleküle), Osmond und Cartaud (vgl. „Baumaterialienkunde“, 1901, S. 287) als Schnitte zweier direkter Wellensysteme, Hort (Z. d. V. d. I., Forschungsarbeiten, Heft 41) als krystallinische Umlagerungen der Molekülgruppen etc.

[12]) Vgl. „Communications présentées devant le congrès international des méthodes d'essai des matériaux de construction“ — 1901, Paris, Dunod, Tome I, Page 157 et 301.

[13]) O. Mohr, „Über die Darstellung des Spannungszustandes und des Deformationszustandes eines Körperelementes und über die Anwendung derselben in der Festigkeitslehre“ — „Der Zivilingenieur“ 1882, S. 113. Vgl. auch Z. d. V. d. I. 1900, S. 1524 u. 1572; 1901, S. 740 u. 1034. Ferner: O. Mohr, „Abhandlungen aus dem Gebiete der technischen Mechanik“, S. 187—219, Berlin 1906, W. Ernst & Sohn.

bleibende Deformation selbst, also den eigentlichen Fließvorgang und die gegenseitige Beziehung der Fließvorgänge bei verschiedenen Beanspruchungsarten näher zu untersuchen.

Die hier auftauchenden hochinteressanten Probleme scheinen (wie eingangs erwähnt) außer von Rejtö überhaupt noch nicht in Angriff genommen worden zu sein, obzwar unseres Erachtens die Klärung gerade dieser Fragen eine nicht zu umgehende Vorarbeit für eine einheitliche wissenschaftliche Behandlung des technischen Materialprüfungswesens und der mechanischen Technologie ist.

Daß der Beginn der bleibenden Deformation schon so vielfach, deren weiterer Verlauf aber relativ noch so wenig studiert worden ist, dürfte vielleicht darauf zurückzuführen sein, daß erstere — auch schon durch ihre Beziehung zu den diversen Bruchgefahr-Hypothesen (vgl. Anmerkung 2) sehr aktuellen Probleme — doch eigentlich noch, wenigstens größtenteils, in die wissenschaftlich bereits so hochentwickelte „Elastizitätslehre“ fallen.

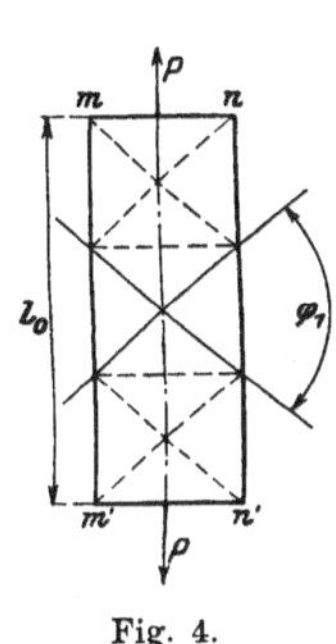

Fig. 4.

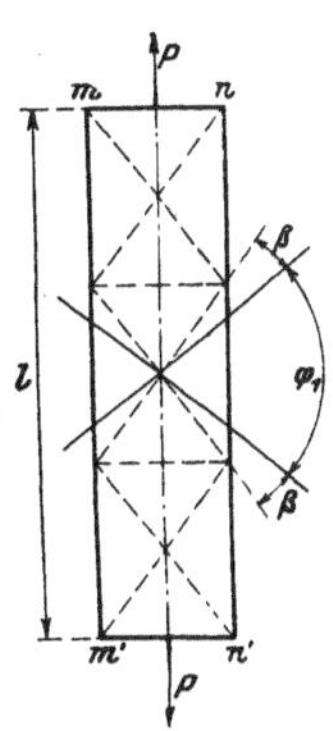

Fig. 5.

Um die weiteren Fließvorgänge besser verfolgen zu können, denken wir uns auf dem Teile m n m' n' des Probestabes ein mit den ersten auftretenden Gleitflächen (G_1) gleichgerichtetes Netz aufgezeichnet (vgl. Fig. 4).

Bei genügender Entfernung der Marken m n und m' n' von den Stabköpfen wird wegen der dann innerhalb m n m' n' überall gleichartigen Zugbeanspruchungen, bei allmählicher Zunahme der Belastung P und des Markenabstandes l_0, obiges Netz in das in Fig. 5 dargestellte übergehen. Ursprünglich (vor der Deformation) auf beliebig geneigten parallelen Ebenen gelegene Punkte werden daher auch nach der Deformation wieder auf parallelen Ebenen liegen.

Würden sich nun Netzlinienneigung und Gleitflächenneigung stets in gleicher Weise ändern, würden also beide Richtungen stets zusammenfallen, so wäre die Materialdeformation eine relativ einfache Schiebung längs der jeweiligen Netzlinien.

Nun ist aber — wie früher erörtert — die Neigung der Gleitflächen lediglich von der Art der Abhängigkeit der inneren Reibung (R) von der Normalspannung (σ) senkrecht zur Gleitfläche beeinflußt, während die Neigung der Netzlinien natürlich hiervon völlig unabhängig ist und nur von der jeweiligen Größe der Streckung abhängt (vgl. Fig. 5). Bei gleichbleibendem oder bei verschwindendem Einflusse der Belastung auf die Größe der inneren Reibung (bzw. von σ auf R) wird daher die Gleitflächenneigung (bzw. der Wirkungswinkel ω_1 und der Gleitwinkel φ_1) konstant bleiben.

Da anderseits jedoch die Neigung der Netzlinien sich mit wachsender Dehnung ändert, so wird eine relative Verdrehung der Netzlinien gegen die Gleitflächen um einen mit fortschreitender Deformation wachsenden Winkel β (vgl. Fig. 5) stattfinden.

Bei bleibenden Deformationen muß daher neben einer relativen spezifischen Schiebung γ längs der Gleitflächen stets auch gleichzeitig eine relative Verdrehung β derselben gegen das ursprüngliche Material erfolgen, was noch nie beachtet worden ist.

Durch die gleichzeitige Schiebung längs der Gleitflächen und relative Verdrehung der Schiebungsrichtung gegen das ursprüngliche Material werden natürlich die selbst bei den einfachsten Materialdeformationen sich abspielenden Vorgänge recht verwickelt, um so mehr als meist (außer bei plastischen Körpern) mit der Deformation sich auch noch die Größe der inneren Reibung wesentlich ändert, und das ursprünglich homogene und isotrope Material unter allen diesen Einflüssen mehr oder weniger „homöotrop“ — im Sinne O. Lehmanns[14]) — wird.

Wenn wir trotzdem hier den Versuch machen, auf diese Vorgänge näher einzugehen, um die bei verschiedenen Beanspruchungsarten stattfindenden Fließvorgänge und die hierbei auftretenden Deformationswiderstände in gegenseitige Beziehung zu bringen, so verführten uns hierzu einschlägige Versuchsergebnisse (vgl. 2. Teil), aus denen hervorging, daß bei (bleibenden) Materialdeformationen der Einfluß eines Faktors, nämlich jener der spezifischen Schiebung γ, die Einflüsse anderer Faktoren (der Verdrehung β, der Normalspannung σ, der erwähnten Homöotropie etc.) oft weitaus überragt.

Dadurch wurden Näherungsverfahren möglich, welche die weiteren Entwickelungen ungemein vereinfachen.

Nachdem sonach vor allem die spezifische Schiebung γ die Größe der inneren Reibung R beeinflußt, so ist vorerst zu untersuchen, in welcher Beziehung diese Schiebung γ zu der gegebenen Materialdeformation bzw. zu der gegebenen Dehnung:

$$\lambda = \frac{l - l_0}{l_0}$$

(wenn l_0 der ursprüngliche und l der jeweilige Abstand der Marken m n und m' n' — vgl. Fig. 1, 4 u. 5) steht.

---

[14]) Vgl. O. Lehmann, „Flüssige Krystalle und mechanische Technologie“ — „Physikalische Zeitschrift“, 8. Jahrgang, 1907, Nr. 11, S. 386.

In Fig. 6 seien G_1 wieder je zwei im Abstande $d = M N_1$ voneinander befindliche Gleitflächenpaare. Unter der Einwirkung der paarweise auftretenden Schubspannung τ werden bei der Verlängerung der Strecke $s = M N$ um $ds = M M'$ diese Gleitflächen G_1 um $dv = MM_1$ gegeneinander verschoben.

Es entspricht also der „effektiven", d. h. der auf die jeweilige Länge bezogenen spezifischen Dehnung $d\alpha = \frac{ds}{s}$, die spezifische Schiebung $d\gamma = \frac{dv}{d}$.

Aus Fig. 6 ergibt sich:

$$dv = \frac{ds}{\cos \omega_1} \quad \text{und } d = s \sin \omega_1.$$

Sonach:

$$\text{Gl. 1.} \quad d\gamma = \frac{ds}{s \sin \omega_1 \cos \omega_1} = \frac{d\alpha}{\sin \omega_1 \cos \omega_1}.$$

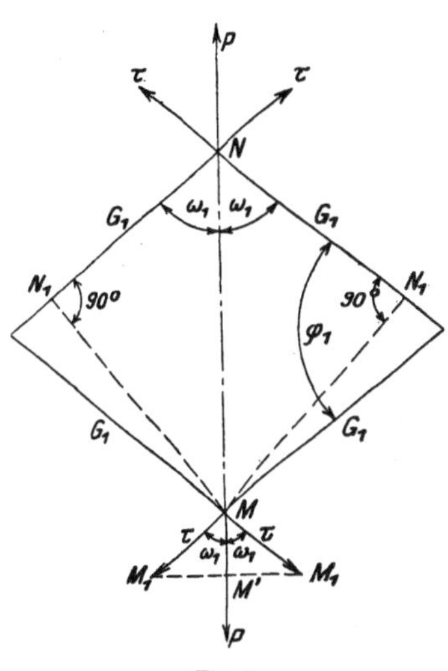

Fig. 6.

Aus Beobachtungen an Fließfiguren und den später besprochenen Versuchen (vgl. 2. Teil) scheint hervorzugehen, daß der Wirkungswinkel ω_1 bei demselben Materiale während der Deformation (wenigstens innerhalb der hier in Betracht kommenden Deformationen) sich fast gar nicht ändert.

Unter der dann zulässigen Annahme: ω_1 = konstant, bestimmt sich aus Gl. 1.:

$$\text{Gl. 2.} \quad \gamma = \frac{2\alpha}{\sin 2\omega_1}$$

und für den Spezialfall $\omega_1 = 45^0$

$$\text{Gl. 3.} \quad \gamma = 2\alpha.$$

Hierbei ist jedoch wohl zu beachten, daß — im Sinne unserer Darstellung der Fließvorgänge — die „effektive" spezifische Dehnung α stets auf die jeweilige Länge l (nicht, wie allgemein üblich auf die ursprüngliche Länge l_0) zu beziehen ist, welche Dehnung α sich aus

$$\text{Gl. 4.} \quad \alpha = \int_{l_0}^{l} \frac{dl}{l} = \log \text{nat} \frac{l}{l_0} = 2{,}3 \log \frac{l}{l_0} = 2{,}3 \log (1 + \lambda)$$

bei gegebenen l_0 und l oder bei gegebener Dehnung $\lambda = \frac{l - l_0}{l_0}$ leicht bestimmen läßt.

Die Beziehung zwischen der Schiebung γ und der Dehnung λ ist sonach (aus Gl. 2, 3 u. 4):

$$\text{Gl. 5.} \quad \gamma = \frac{4{,}6 \log (1 + \lambda)}{\sin 2\, \omega_1}$$

oder, falls $\omega_1 \sim 45^0$:

$$\text{Gl. 6.} \quad \gamma \sim 4{,}6 \log (1 + \lambda).$$

Durch die Beziehung zwischen γ und λ (Gl. 5, 6) ist dann natürlich auch jene zwischen γ und der jeweiligen Zugspannung P/f — wenn f der der jeweiligen Belastung P entsprechende Stabquerschnitt — bestimmt, falls das Zugdiagramm des betreffenden Materiales gegeben ist.

In Fig. 1, Tafel I sei die Kurve $A_1 B_1 C_1 [D_1]$ das Zugdiagramm eines schmeidigen Materiales (z. B. Kupfer) und die Kurve $A_1 B_1' C_1' D_1'$ die zugehörige Kurve der „effektiven Zugspannungen“. Als Abszissen seien die bleibenden Dehnungen $\lambda = \frac{l - l_0}{l_0}$, als Ordinaten einerseits (Kurve $A_1 B_1 C_1 [D_1]$) die auf den ursprünglichen Querschnitt f_0 bezogenen Belastungen P/f_0, anderseits (Kurve $A_1 B_1' C_1' D_1'$) die auf den jeweiligen Querschnitt f bezogenen Belastungen P/f aufgetragen[15]).

[15]) Bei gleichmäßig über die Länge l verteilter Dehnung, also bis B_1' (vgl. weiter unten), bestimmt sich die Kurve der „effektiven Zugspannungen“ aus dem Zugdiagramme, Konstanz des Volumens ($f_0 l_0 = f l =$ konstant) vorausgesetzt, nach:

$$\frac{P}{f} = \frac{P}{f_0} \cdot \frac{l}{l_0} = \frac{P}{f_0} \cdot \frac{l_0 + l_0 \lambda}{l_0} = \frac{P}{f_0} (1 + \lambda).$$

Annäherungsweise (unter Annahme gleichmäßiger Spannungsverteilung in der Kontraktionsstelle und falls die betreffende Festigkeitsmaschine auch abnehmende Belastungen genügend genau zu registrieren gestattet) läßt sich die Kurve der „effektiven Zugspannungen“ auch noch über B_1' hinaus ableiten, wenn man berücksichtigt, daß die Größe der Querschnittsverminderung in der Kontraktionsstelle auch indirekt ein Maß für die Längsdehnung in derselben ist.

Bezeichnet man mit f' den (kleinsten) Querschnitt der Kontraktionsstelle und mit f_0 den ursprünglichen Stabquerschnitt, so ist diese Querschnittsverminderung q durch das Verhältnis f'/f_0 und somit deren Beziehung zur Dehnung λ in der Kontraktionsstelle durch:

$$\lambda = \frac{l - l_0}{l_0} = \frac{l}{l_0} - 1 = \frac{f_0}{f'} - 1 = \frac{1}{q} - 1$$

gegeben.

Die derart ermittelte vollständigere Kurve der „effektiven Zugspannungen“ $A_1 B_1' C_1' D_1'$ (vgl. Fig. 1, Tafel I) zeigt, daß insbesondere bei sehr dehnbaren

Die bei C_1 an das Zugdiagramm anschließende Kurve $C_1 D_1$ stellt eine ideelle Fortsetzung des Zugdiagrammteiles $A_1 B_1 C_1$ vor, die sich unter der Annahme einer bis zum Bruche gleichmäßig über die ganze Stablänge verteilten Dehnung ergeben würde (vgl. Anm. 15).

Die bleibende Deformation beginnt in A_1, sobald die „Elastizitätsgrenze“ des Materiales überschritten wird. Mit fortschreitender Dehnung des Stabes findet eine allmähliche, immer schwächer werdende Zunahme der Belastung P bzw. der der Belastung P proportionalen Ordinate P/f_0 statt, bis endlich in B_1 die Belastung einen nicht mehr überschreitbaren Höchstwert P_{max} erreicht. $\frac{P_{max}}{f_0}$ ($= b_1 B_1$) also die auf den ursprünglichen Stabquerschnitt bezogene maximale Zugbelastung des Zugstabes, wird bekanntlich stets als die „Zugfestigkeit“ K_z des Materiales bezeichnet und allgemein — wie aus dem Folgenden hervorgehen dürfte, jedoch nicht immer berechtigt — als die wichtigste Charakteristik des Materiales bezüglich seiner Festigkeitseigenschaften angesehen.

Verfolgen wir den weiteren Verlauf des Zugdiagrammes, so sehen wir, daß häufig auch bei fortschreitender Streckung des Stabes die Belastung noch annähernd konstant bleibt (bis C_1) und dann erst, anfangs langsam, dann immer rascher, fällt, bis endlich in [D_1] der Bruch erfolgt. Während jedoch bis B_1 die Dehnungen sich annähernd[16]) gleichmäßig über die ganze Länge des Stabes verteilten, macht sich über B_1 hinaus (sobald also die Belastung nicht mehr zunimmt) eine gewisse Unstetigkeit der Dehnungen bemerkbar, indem dann oft nur mehr einige (event. sogar durch starre Stabpartien getrennte) Stabteile an der Dehnung teilnehmen, bis endlich bei eintretender Abnahme der Belastung (in C_1) sich die Dehnung nur auf einen kurzen (bei homogenen Materialien auf den mittleren) Stabteil lokalisiert, hier dann die bekannte „Kontraktion“ oder „Einschnürung“ bildend.

Im folgenden soll auf die eigentliche Ursache der Kontraktionserscheinung darum näher eingegangen werden, weil die diesbezüglichen Ansichten noch geteilt sind, und diese Frage auch mit der für die praktische Materialprüfung so überaus wichtigen Frage über die technologische Bedeutung der „Zugfestigkeit“ innig verknüpft ist.

Materialien (z. B. Kupfer, weichem Flußeisen etc.) nach Erreichung der maximalen Belastung (Abschluß der „gleichmäßigen Dehnung“ und Beginn der Kontraktion) die Dehnung λ in der Kontraktionsstelle oft sogar noch um ein Vielfaches und die „effektive Zugspannung“ fast um das Doppelte wächst.

[16]) Wegen des Einflusses der Stabköpfe und der Einspannung werden, insbesondere bei kürzeren Stäben, die örtlichen Dehnungen von der Mitte gegen die Stabenden stets etwas abnehmen. Vgl. P. Ludwik, „Zugversuche mit Flußeisen“ — „Technische Blätter“ 1904, S. 5/6 und Tafel I.

Aus Fig. 1, Tafel I ist zu ersehen, daß, sobald die „effektiven Zugspannungen“ $P/f < b_1 B_1'$, eine Dehnung (bzw. Querschnittsverminderung) nur bei zunehmender Belastung stattfinden kann, wogegen sobald $P/f > b_1 B_1'$ eine solche auch bei konstanter (oder auch abnehmender) Belastung erfolgt.

Sobald also in irgend einem Querschnitte die Spannung P/f die Spannung $b_1 B_1'$ übersteigt, wird der vorher stabile Gleichgewichtszustand gewissermaßen ein labiler, da dann der bestimmten Belastung $P = b_1 B_1$ eine unbestimmte Dehnung $\lambda > o\, b_1$ entspricht.

Diese Grenzspannung $b_1 B_1'$ ist dadurch charakterisiert, daß von dieser Spannung an die „effektiven Zugspannungen“ P/f proportional den Dehnungen λ (oder schwächer) zunehmen.

Denken wir uns, daß irgend ein Querschnitt f' des Zugstabes um df — eine äußerst kleine Größe — kleiner wäre als die übrigen Querschnitte, also $f' = f - df$, so wird bei einer bestimmten Belastung P, die „effektive Zugspannung“ in f' natürlich stets um ein weniges größer sein wie in f.

Würde daher z. B. bei einer Belastung $P \sim P_{max}$ die Spannung in f fast gerade die Grenzspannung $b_1 B_1'$ erreichen, so wird in f' diese Spannung schon überschritten sein. Es wird dann also in f noch ein stabiler, hingegen in f' schon ein labiler Gleichgewichtszustand herrschen.

Bei gleichbleibender Belastung wird eine Weiterstreckung bzw. Querschnittsverminderung daher nur im Querschnitte f' stattfinden, während die übrigen Querschnitte f unverändert bleiben.

Die Kontraktion ist sonach die Folge einer Art „Labilität der Kraftübertragung“, welche stets dann eintreten muß, wenn die „effektiven Zugspannungen“ P/f proportional den Dehnungen λ (oder schwächer) zunehmen.

Eine Ausnahme bilden Materialien, deren innere Reibung R wesentlich von der Deformationsgeschwindigkeit beeinflußt wird (vgl. 3. Teil).

In diesem Falle ist auch nach Erreichung der Maximalbelastung oft noch keine ausgesprochene Kontraktion zu beobachten, da hier auch bei abnehmender Belastung noch eine annähernd gleichmäßige Dehnung erfolgen kann, indem die mit jedem Kontraktionseintritte verbundene Lokalisierung der Streckung bzw. Erhöhung der spezifischen Deformationsgeschwindigkeit (pro Längeneinheit der Kontraktionsstelle) sofort auch eine genügende Erhöhung des Deformationswiderstandes in der durch die Kontraktion geschwächten Stelle bewirkt[17]).

[17]) Vgl. P. Ludwik, „Über den Einfluß der Deformationsgeschwindigkeit bei bleibenden Deformationen mit besonderer Berücksichtigung der Nachwirkungserscheinungen“ — „Physikalische Zeitschrift“, 10. Jahrgang, 1909, Nr. 12, S. 412 bis 413.

Die weitere Ausbildung der Einschnürung wird natürlich durch das unmittelbar nebenliegende Material — insbesondere zufolge der nun auftretenden sekundären Schubspannungen — oft (insbesondere bei schmeidigen Materialien) wesentlich beeinträchtigt. Hierauf näher einzugehen, scheint uns jedoch hier nicht nötig, da eben wegen dieser Sekundärbeanspruchungen zur Ermittlung der Kurve der „effektiven Zugspannungen" aus dem Zugdiagramme strenggenommen wir eigentlich nur den Diagrammteil o A_1 B_1 (entsprechend der Belastungszunahme während der sogenannten „gleichmäßigen Dehnung" bis Beginn der Kontraktion) benützen können (vgl. Anmerk. 15).

Erwähnt sei daher hier nur, daß, sobald bei fortschreitender Kontraktion die Spannung in der Kontraktionsstelle den Wert o C_1' erreicht, die weitere Kontraktion sogar bei abnehmender Belastung erfolgen wird, bis schließlich bei mit fortschreitender Querschnittsverminderung immer noch (trotz stets schneller fallender Belastung) zunehmender Zugspannung die Kohäsion des Materiales in der Kontraktionsstelle überschritten und hierdurch der Bruch eingeleitet wird[18]).

Eine ganz analoge Wirkung wie die kleinste Querschnittsungleichheit (f — f') hat natürlich auch die geringfügigste Materialunhomogenität.

Aber selbst bei absolut gleichen Stabquerschnitten und absolut homogenem Materiale müßte eine Kontraktion in der geschilderten Weise (und zwar dann genau in der Stabmitte) allein schon wegen des (in Anm. 16) erwähnten Einflusses der Einspannung zustande kommen.

Aus Obigem geht auch hervor, daß insbesondere bei flachen Zugdiagrammen der Beginn der Kontraktion und mithin auch die Größe der „gleichmäßigen Dehnung" (Dehnung vor Beginn der Kontraktion) sowie der „Bruchdehnung" („gleichmäßige Dehnung" plus „lokale Dehnung" der Kontraktionsstelle) durch die geringfügigsten Querschnitts-

---

[18]) Die Vorgänge beim Bruche sind sehr verwickelte, da einerseits gleichzeitig mit der lokalen Kohäsionsüberschreitung auch „Abschiebungen" stattfinden, und anderseits das die Kontraktionsstelle umschließende Material die Ausbreitung und Form der Einschnürung und hierdurch auch die Spannungsverteilung und die Fließvorgänge an der Bruchstelle wesentlich beeinflußt.

Vgl. B. Kirsch, „Über den Zusammenhang des Fließens mit dem Aussehen und den Formen der Bruchstellen" — „Mitteilungen aus den Königlichen technischen Versuchsanstalten zu Berlin", 7. Jahrgang, 1889, S. 9—17. Berlin, Jul. Springer.

A. Martens, „Handbnch der Materialienkunde für den Maschinenbau", S. 75—82. Berlin 1898, Jul. Springer.

M. Rudeloff, „Beitrag zum Studium des Bruchaussehens zerrissener Stäbe" — „Baumaterialienkunde" 1899, Heft 6/7, S. 85—95.

ungleichheiten[19]) oder Homogenitätsfehler ganz wesentlich beeinflußt wird, indem einerseits durch „verfrühte Kontraktion", anderseits durch, wenn auch nur ganz rudimentär entwickelte „mehrfache Kontraktion" dort nur einige, hier aber viele Stabteilchen zur volleren Entwicklung ihrer Dehnbarkeit gelangen[20]).

Hieraus folgt auch indirekt, daß die „gleichmäßige Dehnung" sowie die „Bruchdehnung" oft von recht problematischem Werte für die Beurteilung der Zähigkeit und Schmeidigkeit eines Materiales und daß als diesbezügliche Wertziffer (insbesondere bei schmeidigeren Materialien) die „Kontraktion" entschieden vorzuziehen ist[21]).

Einen je ausgesprocheneren Kulminationspunkt das Zugdiagramm zeigt (je mehr also die Punkte B_1 und C_1 sich nähern), um so jäher wird natürlich die Kontraktion einsetzen, und um so schärfer wird sie lokalisiert sein, woraus auch zu ersehen ist, daß der Verlauf der Kontraktion (insbesondere deren Ausbreitung) auch von der Form des Zugdiagrammes abhängig ist.

Um aus den „effektiven Zugspannungen" P/f die inneren Reibungen R zu bestimmen, sei an unsere Auffassung der inneren Reibung als Schubwiderstand τ in der Gleitfläche erinnert.

Hiernach ist die innere Reibung:

Gl. 7 . . . . . $\underline{R = \tau = {}^1/_2\,P/f \sin 2\,\omega_1}$

oder, falls der Wirkungswinkel $\omega_1 \sim 45^0$:

Gl. 8 . . . . $\underline{R \sim {}^1/_2\,P/f.}$ (Vgl. S. 11/12.)

Da durch das Zugdiagramm bzw. durch die Kurve der „effektiven Zugspannungen" ($o\,A_1'\,B_1'\,C_1'\,D_1'$) die Beziehung zwischen λ und P/f, durch Gleichung 5 und 6 jene zwischen λ und γ und durch Gleichung 7 und 8 jene zwischen P/f und R bekannt ist, so ist hiermit auch die gesuchte (für die technologische Beurteilung des Materiales, wie bereits flüchtig angedeutet, so überaus charakteristische) Beziehung zwischen γ und R, also zwischen der spezifischen Schiebung und der inneren Reibung, gegeben.

---

[19]) Dies bestätigen auch Versuche Diegels (Z. d. V. d. I. 1903, S. 426), die ergaben, daß bei Flußeisen Querschnittsveränderungen der Stabmitte von 1 % im Durchmesser, bereits Abnahmen der Bruchdehnung bis über 20 % bewirken!

[20]) Vgl. P. Ludwik, „Zugversuche mit Flußeisen" — „Technische Blätter" 1904, S. 5.

[21]) Näheres hierüber vgl. P. Ludwik, „Über Zähigkeit und Schmeidigkeit" — „Zeitschrift für Werkzeugmaschinen und Werkzeuge", 12. Jahrg. 1908, Heft 23, S. 327.

Denkt man sich die Schiebungen γ als Abszissen und die zugehörigen Werte der inneren Reibung R als Ordinaten aufgetragen, so erhält man eine Kurve, welche im folgenden stets als „Fließkurve" angesprochen sei. (Vgl. Fig. 1, Tafel I.)

Diese Bezeichnung scheint uns darum zutreffend, weil diese Kurve den jeweiligen Material-„Flüssigkeitsgrad" bzw. dessen Änderung beim Fließen in eindeutiger Weise zum Ausdruck bringt. (Vgl. auch weiter unten.)

Ein Beispiel möge die Ableitung der „Fließkurve" aus dem Zugdiagramme noch näher erläutern.

Ist M_1 (vgl. Fig. 1, Tafel I) ein Punkt des Zugdiagrammes, und wäre z. B. $o\,m_1 = 1/4$ (entsprechend einer Stabdehnung von 25 %) und $m_1 M_1 = 2160$ kg/cm², so ermittelt sich der entsprechende Punkt M der „Fließkurve" wie folgt:

$$m_1 M_1' = m_1 M_1 (1 + o\,m_1) = 2700 \text{ kg/cm}^2 \quad \text{(vgl. Anm. 15)}$$

$$m\,M = {}^1/_2\, m_1 M_1' \times \sin 2\,\omega_1 \quad \text{(vgl. Gl. 7)}$$

oder, falls $\omega_1 \sim 45^0$:

$$\sim {}^1/_2\, m_1 M_1' \sim 1350 \text{ kg/cm}^2 \quad \text{(vgl. Gl. 8)}$$

und

$$o\,m = 4{,}6 \frac{\log (1 + o\,m_1)}{\sin 2\,\omega_1} \quad \text{(vgl. Gl. 5)}$$

oder, falls $\omega_1 \sim 45^0$:

$$\sim 4{,}6 \log (1 + o\,m_1) \sim 0{,}446 \quad \text{(vgl. Gl. 6)},$$

entsprechend einer spezif. Schiebung von 44,6 %.

In Fig. 1, Tafel I wurde der Ordinatenmaßstab der „Fließkurve" doppelt so groß, deren Abszissenmaßstab hingegen halb so groß gewählt wie jener des Zugdiagrammes, daher ist dort:

$$m\,M = m_1 M_1' = 2700$$

und

$$o\,m = 0{,}223.$$

Wie wir später sehen werden, läßt sich die „Fließkurve" eines Materiales jedoch nicht nur aus dessen Zugdiagramm, sondern auch aus dessen Druck- und aus dessen Torsionsdiagramm ableiten, und weichen die so erhaltenen „Fließkurven" im allgemeinen nur relativ wenig voneinander ab, womit der Nachweis erbracht ist, daß die Deformationsdiagramme bei einfachen Beanspruchungsarten in gesetzmäßiger gegenseitiger Beziehung stehen, und daß die „Fließkurve" (wenigstens innerhalb gewisser Grenzen) nur wenig von der Art der Beanspruchung beeinflußt wird.

Umgekehrt läßt sich daher auch aus der gegebenen „Fließkurve“ eines Materiales dessen Zug-, Druck- und Torsionsdiagramm ableiten. Da diese eine Kurve sonach das Verhalten des Materiales bei verschiedenen Beanspruchungen zum Ausdrucke bringt, so ist dieselbe als eine überaus wertvolle technologische Materialcharakteristik zu betrachten.

Je höher der Beginn der „Fließkurve“ liegt, um so härter ist das „ursprüngliche Material“, je steiler dieselbe verläuft, eine um so intensivere kalte Härtung erfährt es mit wachsender Deformation und einen um so bedeutenderen Deformationswiderstand setzt es seiner weiteren Kaltbearbeitung entgegen[22]), je später diese Kurve ihren Kulminations-

---

[22]) Obige Auffassung des Härteproblemes dürfte auch recht gut die grundsätzlichen Unterschiede verschiedener Arten der Härteprüfung bildsamer Materialien beleuchten.

So z. B. wird durch die Elastizitäts- und Streckgrenze (Methode Kirsch) die bei minimalen, durch die Scherfestigkeit (Methode Kick) die bei maximalen spezifischen Schiebungen erreichte innere Reibung, im ersteren Falle also die minimale bzw. die „ursprüngliche“, im zweiten Falle (wenigstens theoretisch, bei reiner Abscherung) die maximale Härte des Materiales vergleichend gemessen.

Bei den Eindruckverfahren wiederum kommt stets eine mittlere innere Reibung zum Ausdrucke, da hier (je nach der Eindruckform) örtlich verschieden große spezifische Schiebungen erreicht werden. Die hierdurch wachgerufenen inneren Reibungen werden sonach um so weniger voneinander abweichen, je flacher der erzeugte Eindruck und die „Fließkurve“ des Materiales ist. Um so weniger wird daher auch die „Eindruckhärte“ von der „ursprünglichen Härte“ abweichen.

Der Umstand, daß die Streckgrenze bei einseitiger, die „Eindruckhärte“ aber bei allseitiger Beanspruchung des Stoffes zum Ausdrucke kommt, scheint uns bei bildsamen Materialien für die vorliegende Frage von mehr untergeordneter Bedeutung, da innerhalb der hier in Betracht kommenden Spannungsunterschiede, wie erwähnt, die innere Reibung von der Normalspannung meist relativ nur wenig beeinflußt wird. Daß sich insbesondere spröde Materialien unter allseitigem Drucke oft scheinbar grundsätzlich anders verhalten als beim gewöhnlichen Zug- und Druckversuche, wie dies Kick in so schöner Weise gezeigt hat, dürfte vor allem darauf zurückzuführen sein, daß dort keine Kohäsionsüberschreitung durch Zugbeanspruchungen möglich ist. (Vgl. B. Kirsch, „Über den Flüssigkeitsgrad fester Körper“ — „Zeitschrift des österr. Ingenieur- und Architekten-Vereines“, 1896, Nr. 11.)

Bei den Ritzverfahren endlich ist (bei bildsamen Materialien) die Beziehung zwischen Ritzhärte und innerer Reibung durch die bahnbrechenden Arbeiten Haußners über das Hobeln von Metallen klargelegt worden, indem Haußner zeigte, daß die Ritzhärte ganz gleichmäßig von der Stauchgrenze und der Scherfestigkeit abhängt. (Vgl. A. Haußner, „Hobeln und Härte“ — „Österr. Zeitschrift für Berg- und Hüttenwesen“ 1892, S. 379 u. 397.)

punkt erreicht, um so schmeidiger wird es (wenigstens im allgemeinen) sein.

Betrachtet man diverse technologische Proben und Wertziffern in ihrer Beziehung zur „Fließkurve“, so ergeben sich ganz neuartige Ausblicke.

Untersuchen wir z. B., welche technologische Bedeutung eigentlich der „Zugfestigkeit“ bei einschnürenden Materialien zukommt, unter dem Gesichtspunkte, daß die „Fließkurve“ die primäre, das Zugdiagramm aber erst eine sekundäre Materialcharakteristik darstellt, welche aus ersterer für den speziellen Fall der Zugbeanspruchung abgeleitet wurde. Hierbei läßt die frühere Erörterung der Kontraktionsvorgänge insofern eine Verwertung zu, als der Beginn der Kontraktion mit der Erreichung der „Zugfestigkeit“ zusammenfällt.

Dieses Deformationsstadium ist durch den Teil $B_1 C_1$ des Zugdiagrammes und durch den zugehörigen Teil B C der „Fließkurve“ gekennzeichnet. (Vgl. Fig. 1, Tafel I.) Die der „Zugfestigkeit“ $Kz = b_1 B_1 = c_1 C_1$ entsprechende innere Reibung ist also durch die Ordinaten der Punkte B bis C der „Fließkurve“ gegeben.

Die Größe dieser inneren Reibung ist natürlich wesentlich von der Form der „Fließkurve“ bzw. des Zugdiagrammes abhängig und steht in keiner direkten Beziehung zu dem meist viel höher liegenden Höchstwerte R_{max} der inneren Reibung am Ende der Kontraktionsperiode. (Vgl. Fig. 1, Tafel I u. Anm. 15.)

Daß die „Zugfestigkeit“ aber auch mit der „Kohäsion“ (Höchstwert der „effektiven Zugspannung“ — vgl. Anm. 15) des Materiales bei einschnürenden Materialien nicht zusammenhängt, geht auch unmittelbar schon daraus hervor, daß man bei einem Zugversuch (bei Abbruch desselben nach Beginn der Kontraktion) die „Zugfestigkeit“ bestimmen kann, ohne überhaupt den Zugstab zu zerreißen.

Bei einschnürenden Materialien (also bei den meisten Metallen) gibt daher die „Zugfestigkeit“ weder ein Maß für die „Kohäsion“ noch für die maximale innere Reibung, sondern bloß einen ungefähren Anhaltspunkt über die Höhenlage der „Fließkurve“ bzw. über die Größe einer — mit der Form der „Fließkurve“ jedoch stark variierenden — mittleren inneren Reibung.

Da ein solcher beiläufiger Mittelwert der inneren Reibung sich aber weitaus einfacher und billiger (als durch einen Zugversuch) aus der Materialhärte mittels (meist am Stücke direkt durchführbarer) Kugel- bzw. Kegeldruckproben[23]) ermitteln läßt (vgl. Anm. 22), so scheint uns hieraus zu folgern, daß bei einschnürenden Materi-

---

[23]) Vgl. P. Ludwik, „Über Härtebestimmung mittels der Brinellschen Kugeldruckprobe und verwandter Eindruckverfahren“ — „Zeitschrift des Österr.

alien[24]) die Bedeutung der „Zugfestigkeit“ für die Beurteilung der technologischen Materialqualität entschieden überschätzt wird (vgl. auch 2. Teil, 2. Kap.), und daß bei solchen Materialien Zugproben, welche lediglich zur Bestimmung der „Zugfestigkeit“ (nicht auch der Schmeidigkeit etc.) dienen, in vielen Fällen vorteilhaft durch Kugel- bzw. Kegeldruckproben ersetzt werden könnten[25]).

2. Druckbeanspruchung.

Beim Druckversuche werden noch weit stärker als beim Zugversuche die ideellen Fließvorgänge durch Sekundärwirkungen getrübt. Denn während beim Zugversuch der Einfluß der Einspannung durch entsprechende Verlängerung des Stabes praktisch eliminiert werden kann, ist dies beim Druckversuche nicht möglich. Der Einfluß der Einspannung wird wohl auch hier durch größere Schlankheit des Probekörpers vermindert, hierdurch aber auch gleichzeitig die Ausknickung gefördert. Gedrungenere (weniger schlanke) Probekörper vermindern wohl diese Knickgefahr, lassen hierfür aber dann den Einfluß der Einspannung wieder stärker hervortreten.

Bei zentrischer Druckbeanspruchung ist die Wirkung der Einspannung lediglich eine Reibungswirkung zwischen Druckplatte und Druckkörper. Dieselbe äußert sich einerseits in einer ungleichmäßigen Verteilung des Druckes über die Druckfläche[26]) und anderseits in der bekannten

---

Ingenieur- und Architekten-Vereines“ 1907, Nr. 11 und 12; desgl. „Baumaterialienkunde“ 1907, Heft 8, S. 115 und Heft 9/10, S. 147.

P. Ludwik, „Die Kegelprobe, ein neues Verfahren zur Härtebestimmung von Materialien“ — Berlin 1908, Julius Springer.

[24]) Bei nicht einschnürenden Materialien wird die Zugfestigkeit wesentlich von der Kohäsion beeinflußt, wogegen bei einschnürenden die Kohäsion erst im absteigenden Zugdiagrammteile überwunden wird, also erst nachdem die maximale Belastung schon erreicht ist, beide Größen demnach voneinander unabhängig sind.

[25]) Vgl. „Härteprüfung“ (C. „Über die Beziehung der Kugel- und Kegeldruckhärte zu den Festigkeitseigenschaften der Metalle“), Offizieller Bericht, erstattet von P. Ludwik — V. Kongreß des internationalen Verbandes für die Materialprüfungen der Technik, Kopenhagen 1909, wo auch weitere Literaturhinweise. — Seitdem erschien noch eine einschlägige Arbeit von A. Geßner, „Die Anwendung der Kegeldruckprobe zur Härtebestimmung von Eisenoberbaumaterialien“ — „Mitteilungen des internationalen Verbandes für die Materialprüfungen der Technik“, Juni 1909, Nr. 6; desgl. (ausführlicher) „Organ für die Fortschritte des Eisenbahnwesens“ 1909, 14. Heft.

[26]) Vgl. Fr. Kick, „Die Prinzipien der mechanischen Technologie und die Festigkeitslehre“ — Z. d. V. d. I., 1892, 36. Bd., S. 278.

Ausbauchung des Probestückes bei der Zusammendrückung. Könnte man diese Reibung (zwischen Druckplatte und Druckkörper) vollständig eliminieren, so müßte (natürlich nur bei homogenem Materiale und genau zentrischer Beanspruchung) wegen der dann überall gleichartigen Materialbeanspruchung ein ursprünglich zylindrischer (oder prismatischer) Probekörper auch bei der Deformation stets genau zylindrisch (bzw. prismatisch) bleiben, und auch das Druckdiagramm unabhängig von der Schlankheit des Probekörpers sein[27]). Praktisch läßt sich die Druckflächenreibung z. B. durch Schmierung, weiche Zwischenlagen etc. wohl verringern, leider aber nicht beseitigen, wovon man sich jederzeit leicht überzeugen kann, wenn man versucht, den unter Druck befindlichen Probekörper parallel zu den Druckplatten zu verschieben.

Druckversuche mit geschmierten Druckflächen werden daher im allgemeinen geringere Ausbauchung, gleichmäßigere Spannungsverteilung (über die Druckfläche) und niedere Druckwiderstände ergeben als ungeschmierte, wie dies Föppl[28]) und Kick[29]) gezeigt haben. Bei schmeidigen Materialien, entsprechender Wahl der Abmessungen und nicht zu starken Zusammendrückungen tritt obiger Einfluß jedoch praktisch mehr oder weniger zurück.

So z. B. konnte Föppl bei Druckzylindern aus Kupfer und weichem Flußeisen, deren Höhe H größer als der Durchmesser D war, bereits keinerlei Einfluß der Druckflächenreibung auf das Druckdiagramm mehr erkennen[30]). Bei unseren im 2. Teile besprochenen Druckversuchen betrug das Verhältnis der Höhe zum Durchmesser der zylindrischen Druckkörper sogar fast 3,0 (10 cm : 3,57 cm), so daß inner-

---

[27]) Merkwürdigerweise wird dies noch vielfach bezweifelt. So z. B. erklärt Rejtö (vgl. Anmerk. 3) die Ausbauchung, die ungleichmäßige Spannungsverteilung, den größeren spezifischen Druckwiderstand flacherer Probekörper etc. ganz ohne Berücksichtigung der Größe der Druckflächenreibung lediglich aus seinem „Molekularnetze".

[28]) Vgl. „Baumaterialienkunde", 5. Jahrg., S. 81, 97, 113, 129 und 145 und „Mitteilungen aus dem mechanisch-technischen Laboratorium der k. Technischen Hochschule in München", 27. Heft (1900).

[29]) Vgl. „Baumaterialienkunde", 5. Jahrg., Heft 12, S. 177; 8. Jahrg. (1903), Heft 11, S. 145 und „Technische Blätter", 34. Jahrg. (1902), S. 90.

[30]) Bei Kupfer ergaben Zylinder von 80 mm Höhe und 40 mm Durchmesser sogar etwas höhere Druckdiagramme als solche von 40 mm Höhe gleichen Durchmessers. Bei H = 2 D überwog also bereits der Einfluß unvermeidlicher Materialunhomogenitäten jenen der Druckflächenreibung.

Vgl.: „Mitteilungen aus dem mechanisch-technischen Laboratorium der k. Technischen Hochschule München" — 30. Heft, München 1906, Theodor Ackermann.

halb der der gleichmäßigen Dehnung entsprechenden Zusammendrückung (vgl. weiter unten) jedenfalls kein erheblicher Einfluß der Druckflächenreibung auf das Druckdiagramm und doch auch noch keine Ausknickung zu befürchten war, daher in diesen Deformationsgrenzen Zug- und Druckdiagramm sich sinngemäß vergleichen lassen.

Betrachten wir nun unter diesen Gesichtspunkten die Vorgänge bei der Zusammendrückung wieder eines schmeidigen Materiales (z. B. von Kupfer).

Der Beginn der bleibenden Deformationen wird unter ganz analogen Verhältnissen vor sich gehen wie bei der Zugbeanspruchung, nur ist hier, da R mit $-\sigma$ (der Druckspannung senkrecht zur Gleitfläche) zunimmt (vgl. S. 12), der Wirkungswinkel ω_2 natürlich kleiner (und nicht wie bei Zug größer) als 45°.

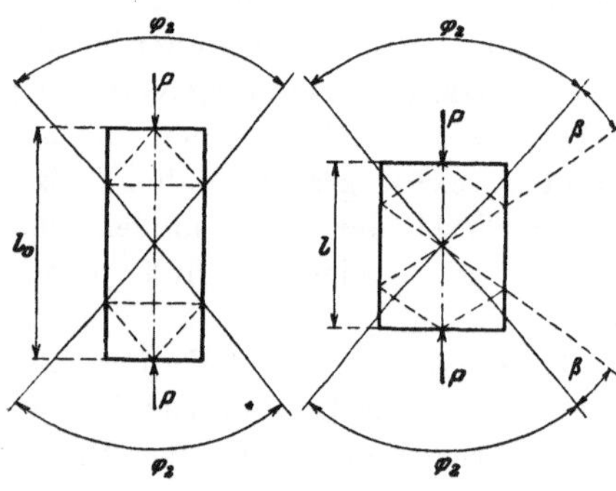

Fig. 7. Fig. 8.

Bei der weiteren Deformation wird selbstverständlich analog wie bei der Zugbeanspruchung auch hier neben der Schiebung γ eine relative Verdrehung β der Gleitrichtung gegen das ursprüngliche Material stattfinden (vgl. Fig. 7 vor und Fig. 8 nach der Deformation) und das ursprünglich homogene Material durch den gemeinsamen Einfluß von γ und β mehr oder weniger homöotrop werden etc. Auch hier zeigten jedoch einschlägige Versuche (vgl. 2. Teil), daß der Einfluß der Verdrehung β auf die Größe der inneren Reibung insbesondere gegen den der Schiebung γ stark zurücktritt, und sonach wieder vor allem die Beziehung zwischen innerer Reibung und spezifischer Schiebung, also die „Fließkurve", das Verhalten des Materiales bei der Deformation charakterisiert.

Daher läßt sich die „Fließkurve" auf ganz ähnliche Weise wie aus dem Zugdiagramme auch aus dem Druckdiagramme ableiten.

In Fig. 1. Tafel I sei die Kurve $A_2 B_2 C_2 D_2 \ldots$ das Druckdiagramm eines schmeidigen Materials (z. B. Kupfer) und die Kurve $A_2 B_2' C_2' D_2' \ldots$ die zugehörige Kurve der „effektiven Druckspannungen", wobei wieder als Abszissen die bleibenden Längenänderungen $\lambda = \frac{l_0 - l}{l_0}$ (wenn l_0 die ursprüngliche und l die jeweilige Länge des

Probekörpers) und als Ordinaten einerseits (Kurve $A_2 B_2 C_2 D_2 \ldots$) die auf den ursprünglichen Querschnitt f_0 bezogenen Belastungen P/f_0, anderseits (Kurve $A_2 B_2' C_2' D_2' \ldots$) die auf den jeweiligen Querschnitt f bezogenen Belastungen P/f, u. zw. in gleichen Maßstäben wie früher bei der Zugbeanspruchung, aufgetragen seien[31]). Die Beziehung λ zu γ und P/f zu R ergibt sich bei sinngemäßer Umformung der (für Zugbeanspruchung abgeleiteten) Gleichungen 5, 6 und 7, 8 für Druckbeanspruchung aus:

$$\text{Gl. 5}' \ldots\ldots \quad \gamma = \frac{4{,}6 \log \frac{1}{1-\lambda}}{\sin 2\,\omega_2}$$

oder, falls $\omega_2 \sim 45^0$:

$$\text{Gl. 6}' \ldots\ldots \quad \gamma \sim 4{,}6 \log \frac{1}{1-\lambda}$$

und

$$\text{Gl. 7}' \ldots\ldots \quad R = \tau = \frac{1}{2}\,\frac{P}{f}\,\sin 2\,\omega_2$$

oder, falls $\omega_2 \sim 45^0$:

$$\text{Gl. 8}' \ldots\ldots \quad R \sim \frac{1}{2}\,\frac{P}{f}.$$

Aus der durch das Druckdiagramm bzw. durch die Kurve der „effektiven Druckspannungen“ gegebenen Beziehung λ zu P/f sowie aus der durch Gl. 5′, 6′ und Gl. 7′, 8′ gegebenen Beziehung von λ zu γ und P/f zu R ist dann auch die gesuchte Relation zwischen γ und R, also die „Fließkurve“, leicht bestimmbar, wie dies ein Beispiel noch näher erläutern möge.

Ist M_2 (vgl. Fig. 1, Tafel I) ein Punkt des Druckdiagrammes, und wäre z. B. $o\,m_2 = 1/5$ (entsprechend einer Zusammendrückung von 20%) und $m_2 M_2 = 3375$ kg/cm², so ermittelt sich der entsprechende Punkt M der „Fließkurve“ wie folgt:

$$m_2 M_2' = m_2 M_2 (1 - o\,m_2) = 2700 \text{ kg/cm}^2 \quad \text{(vgl. Anm. 31)}$$
$$m M = 1/2\, m_2 M_2' \times \sin 2\,\omega_2 \quad \text{(vgl. Gl. 7}'\text{)}$$

---

[31]) Die Kurve der „effektiven Druckspannungen“ ermittelt sich — Konstanz des Volumens und gleichmäßige Spannungsverteilung über die Druckfläche natürlich vorausgesetzt — aus dem Druckdiagramm auf ähnliche Weise wie aus dem Zugdiagramm (vgl. Anm. 15) nach:

$$\frac{P}{f} = \frac{P}{f_0}\,\frac{l}{l_0} = \frac{P}{f_0}\,\frac{l_0 - l_0\lambda}{l_0} = \frac{P}{f_0}\,(1-\lambda).$$

oder, falls $\omega_2 \sim 45^0$:

$$\sim {}^1/_2\, m_2 M_2' \sim 1350\,\text{kg/cm}^2 \quad (\text{vgl. Gl. } 8')$$

und

$$o\,m = \frac{4{,}6 \log \dfrac{1}{1 - o\,m_2}}{\sin 2\,\omega_2} \quad (\text{vgl. Gl. } 5')$$

oder, falls $\omega_1 \sim 45^0$:

$$\sim 4{,}6 \log \frac{1}{1 - o\,m_2} \sim 0{,}446 \quad (\text{vgl. Gl. } 6'),$$

entsprechend einer spezif. Schiebung von 44,6 %.

In Fig. 1, Tafel I wurde, wie erwähnt — analog wie früher bei der Zugbeanspruchung — der Ordinatenmaßstab der „Fließkurve" doppelt so groß, deren Abszissenmaßstab hingegen halb so groß gewählt wie jener des Zugdiagrammes, daher ist dort:

$$m\,M = m_2 M_2' = 2700$$

und

$$o\,m = 0{,}223.$$

Aus Fig. 1, Tafel I ist unmittelbar zu ersehen, daß Punkt M_1 des Zugdiagrammes ($m_1 M_1 = 2160$, $o\,m_1 = 0{,}25$) dem gleichen Punkte M der „Fließkurve" ($m\,M = 2700$, $o\,m = 0{,}223$) entspricht wie der Punkt M_2 des Druckdiagrammes ($m_2 M_2 = 3375$, $o\,m_2 = 0{,}20$), daß also eine Dehnung von 25 % die gleiche Erhöhung der inneren Reibung (bzw. Härtezunahme durch Kaltbearbeitung) bewirkt wie eine Zusammendrückung von 20 %.

Desgleichen entsprechen z. B.:

einer Schiebung γ von:	0,10	0,20	0,40	0,60	0,80	1,00	1,50	2,00	2,50	3,00	4,00	5,00
eine Dehnung λ von:	0,51	0,105	0,22	0,35	0,49	0,65	1,12	1,72	2,49	3,49	6,41	11,25
und eine Zusammendrückung λ von:	0,49	0,095	0,18	0,26	0,33	0,39	0,53	0,63	0,71	0,78	0,865	0,92

Die einer gewissen spezifischen Schiebung γ entsprechende Dehnung $\left(\lambda = \frac{l - l_0}{l_0}\right)$ ist also stets größer als die der gleichen Schiebung γ entsprechende Zusammendrückung $\left(\lambda = \frac{l_0 - l}{l_0}\right)$, und zwar um so größer, je größer die Schiebung γ.

In Fig. 1 Tafel I wurde dies dadurch ersichtlich gemacht, daß die der gleichen Schiebung $\gamma = 20\,\%$, $40\,\%$, $60\,\%$ etc. entsprechenden Punkte der „Fließkurve", des Zug- und des Druckdiagrammes miteinander verbunden wurden.

Aus Obigem geht auch hervor, daß insbesondere bei stärkeren Deformationen (wenigstens im allgemeinen, falls nämlich R mit γ zunimmt, also bei ansteigender „Fließkurve") eine Deformation unter Druck eine intensivere Kalthärtung des Materiales bewirkt als eine Deformation unter Zug (bei gleicher Größe der Dehnung und Zusammendrückung λ).

Die erörterte Beziehung zwischen Druckdiagramm und „Fließkurve" erklärt auch ohne weiteres den bekannten Wendepunkt in den Druckdiagrammen schmeidiger Materialien sowie das so rasche Anwachsen der Belastungen bei stärkeren Zusammendrückungen (vgl. Fig. 1, Tafel 1).

Da die aus Zug- und Druckdiagramm abgeleiteten „Fließkurven" meist nur wenig voneinander abweichen (vgl. 2. Teil), so ist hiermit auch nachgewiesen, daß Zug- und Druckdiagramm bzw. Zug- und Druckprobe in gesetzmäßiger gegenseitiger Beziehung stehen.

3. Schubbeanspruchung (Torsion).

Das Torsionsdiagramm auf das Zug- oder Druckdiagramm zurückzuführen ist merkwürdigerweise noch niemals versucht worden, obwohl es doch gewiß besonders anregend und fruchtbringend gewesen wäre, gerade diese so verschiedenen Beanspruchungsarten einander gegenüberzustellen.

Bevor wir hierauf näher eingehen können, ist es nötig, die Vorgänge bei der bleibenden Verdrehung eines Materiales näher zu erörtern, da leider sogar auch hierüber die technische Literatur noch keinerlei Anhaltspunkte bietet.

Der Einfachheit halber sei der zu tordierende Körper zylindrisch angenommen. Dessen Länge l sei im Verhältnis zu dessen Radius r sehr groß, ein event. Einfluß der Einspannung also zu vernachlässigen. Vorausgesetzt sei ferner, daß der zylindrische Stab während der bleibenden Verdrehung keine Änderung seiner Dimensionen erfährt (meist tritt — wie die im 2. Teile besprochenen Versuche ergaben — Verlängerung ein), daß die Querschnitte eben bleiben und daß die spezifischen Schiebungen γ proportional den Achsenabständen ρ wachsen.

Bei z-maliger Verdrehung des Stabes beträgt dann die im Axialabstande ρ gemessene relative spezifische Verschiebung zweier im Abstande l befindlicher Stabquerschnitte:

Gl. 9. . . . . $\gamma = \frac{2 \pi \varrho z}{l}$

und das wachgerufene Drehmoment:

$$\text{Gl. 10. . . . } M = \int_{\rho=0}^{\rho=r} \tau \, df_\rho = 2\pi \int_{\rho=0}^{\rho=r} \tau \rho^2 \, d\rho$$

wenn τ die Schubspannung im Abstande ρ und $df = 2\pi\rho\,d\rho$ (vgl. Fig. 9).

Für den Grenzfall $\rho = r$ ist nach Gl. 9:

$$\gamma = \gamma_r = \frac{2\pi r z}{l}$$

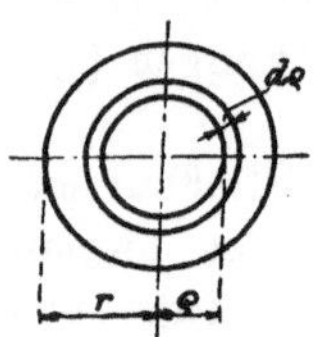

Fig. 9.

und hieraus:

$$\text{Gl. 11.} \quad z = \frac{\gamma_r \, l}{2\pi r}.$$

Aus Gl. 9, 10 u. 11 ergibt sich somit:

$$\text{Gl. 12. . . . } M = \frac{2\pi r^3}{\gamma_r^3} \int_{\gamma=0}^{\gamma=\gamma_r} \tau \gamma^2 \, d\gamma$$

Die Integration ist hiernach nur bei gegebener Beziehung von τ zu γ, also — da $\tau = R$ — bei gegebener „Fließkurve" möglich.

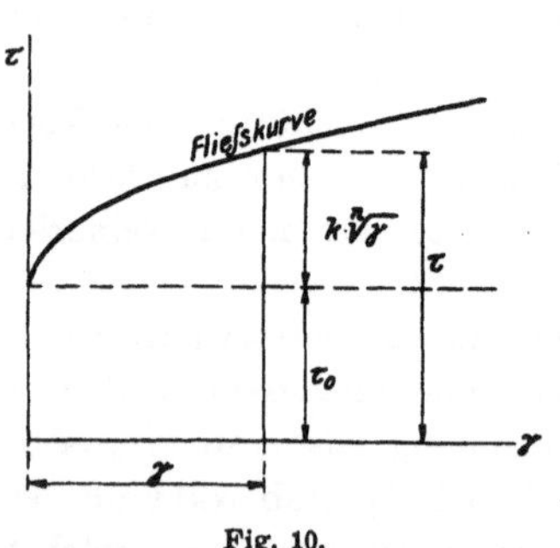

Fig. 10.

Um diese Integration analytisch durchzuführen, ist es daher nötig, die Form der „Fließkurve" analytisch auszudrücken.

Von einfachen Kurven dürfte sich (bei vielen Materialien) wohl noch am besten eine allgemeine Parabel von der Gleichung

$$\text{Gl. 13.} \quad \tau = \tau_0 + k \sqrt[n]{\gamma}$$

(vgl. Fig. 10) dem hier in Betracht kommenden Teile der „Fließkurve" anschmiegen. Hierbei entspricht τ_0 dem Anfangswerte der inneren Reibung, also der Schubgrenze des Materiales, während k und n zwei von der Form der „Fließkurve" abhängige Konstante sind.

Für n = 1 geht die „Fließkurve" in eine zur Abszissenachse geneigte Gerade,

für n = 2 in eine Parabel und

für n = ∞ in eine zur Abszissenachse parallele Gerade über.

Setzt man τ aus Gl. 13 in Gl. 12 ein, so erhält man:

$$M = \frac{2\pi r^3}{\gamma_r^3} \int\limits_{\gamma=0}^{\gamma=\gamma_r} \left(\tau_0 + k \sqrt[n]{\gamma}\right) \gamma^2 \, d\gamma$$

$$= \frac{2\pi r^3}{\gamma_r^3} \left\{ \frac{\tau_0 \gamma_r^3}{3} + k \int\limits_{\gamma=0}^{\gamma=\gamma_r} \gamma^{2+1/n} \, d\gamma \right\}$$

$$= \frac{2\pi r^3}{\gamma_r^3} \left\{ \frac{\tau_0 \gamma_r^3}{3} + k \frac{\gamma_r^{3+1/n}}{3+\frac{1}{n}} \right\}$$

$$= 2\pi r^3 \left\{ \frac{\tau_0}{3} + \frac{k n \sqrt[n]{\gamma_r}}{3n+1} \right\}$$

$$= \frac{2\pi r^3}{3} \tau_0 + \frac{2\pi r^3 n}{3n+1} k \sqrt[n]{\gamma_r}.$$

Für $\frac{2\pi r^3}{3} = A$ und für $\frac{2\pi r^3 n}{3n+1} = B$ gesetzt, gibt:

$$\text{Gl. 14. } \dots\dots \quad \underline{M = A\tau_0 + B k \sqrt[n]{\gamma_r}.}$$

Trägt man also $\gamma_r = \frac{2\pi r z}{l}$ (die jeweilige auf der Zylinderoberfläche gemessene Verdrehung pro Längeneinheit) als Abszisse und M (den zugehörigen Wert des Torsionsmomentes) als Ordinate auf, so erhält man eine allgemeine Parabel der gleichen Art wie die „Fließkurve".

Diese (die Beziehung von M zu γ_r bestimmende) Kurve ist natürlich identisch dem mit der Torsionsmaschine direkt registrierbaren sogenannten Torsionsdiagramm.

Das Torsionsdiagramm zeigt also den gleichen Charakter wie die „Fließkurve", insofern als, falls die „Fließkurve" eine Parabel höherer Ordnung, auch das Torsionsdiagramm eine Parabel gleicher Ordnung ist.

Wäre z. B. die „Fließkurve" eine gewöhnliche Parabel, so ist es auch das Torsionsdiagramm etc.

„Fließkurve" und Torsionsdiagramm sind daher auch sehr einfach ineinander überzuführen.

Am bequemsten gestaltet sich diese Überführung natürlich dann, wenn man die Maßstäbe so wählt, daß die Scheitel beider Kurven zusammenfallen.

In Fig. 11 sei Kurve M das Torsionsdiagramm und Kurve τ' die auf gleiche Scheitelordinate gebrachte „Fließkurve“, also:

$$M = \frac{2\pi r^3}{3}\tau_0 + \frac{2\pi r^3 n}{3n+1} k \sqrt[n]{\gamma_r}$$

(nach Gl. 14) und

$$\text{Gl. 15.} \quad \tau' = \frac{2\pi r^3}{3}\tau = \frac{2\pi r^3}{3}\tau_0 + \frac{2\pi r^3}{3} k \sqrt[n]{\gamma}$$

(nach Gl. 13).

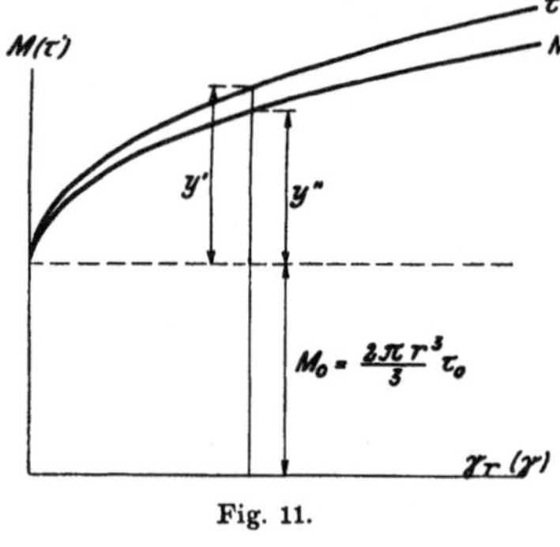

Fig. 11.

In diesem Falle stehen nämlich die Ordinatenabschnitte y' und y'' (vgl. Fig. 11) in einem konstanten Verhältnisse, indem dann:

$$\text{Gl. 16.} \quad \frac{y'}{y''} = \frac{3n+1}{3n}.$$

Um aus dem Torsionsdiagramm die „Fließkurve“ zu erhalten, hat man daher lediglich die Ordinate y'' um $\frac{1}{3n}$ zu vergrößern.

Der zugehörige Maßstab der Ordinaten der „Fließkurve“ ergibt sich dann aus der Bedingung:

$$\text{Gl. 17.} \quad \ldots\ldots\ldots \quad M_0 = \frac{2\pi r^3}{3}\tau_0$$

(vgl. Fig. 11 bzw. Gl. 15).

Bei unserer bisherigen Betrachtung über die Vorgänge bei der bleibenden Torsion eines zylindrischen Stabes wurde der Einfluß von σ auf R vernachlässigt und auch lediglich die senkrecht zur Stabachse stattfindenden Schiebungen in Betracht gezogen.

Da jedoch bei jeder bleibenden Deformation, wie S. 13 angedeutet, wegen des paarweisen Auftretens der Schubspannungen auch stets zwei Systeme von Gleitflächen auftreten müssen, so werden auch bei der Torsionsbeanspruchung noch andersartige Schiebungen in mehr oder weniger parallel zur Stabachse gerichteten Gleitflächen erfolgen.

Bei gleichbleibender Abhängigkeit der inneren Reibung R von der Normalspannung σ (senkrecht zur Gleitfläche) wird analog wie bei der Zug- und Druckbeanspruchung auch hier der „Gleitwinkel“ (φ_3) konstant bleiben und daher auch hier eine relative Verdrehung der Gleitflächen (sogar eine stärkere wie bei Zug und Druck, da bei Torsion fast nur das eine Gleitflächensystem an dieser Verdrehung teilnimmt) gegen das ursprüngliche Material um einen mit fortschreitender Verdrehung wachsenden Winkel β stattfinden müssen (vgl. Fig. 12 vor und Fig. 13 nach der Deformation).

Unter dem gemeinsamen Einflusse von γ und β (Größe und Art der vorangangenen Schiebung) auf die Größe der inneren Reibung wird natürlich auch hier das ursprünglich homogene und isotrope Material mehr oder weniger (je nach der Größe dieses Einflusses) homöotrop.

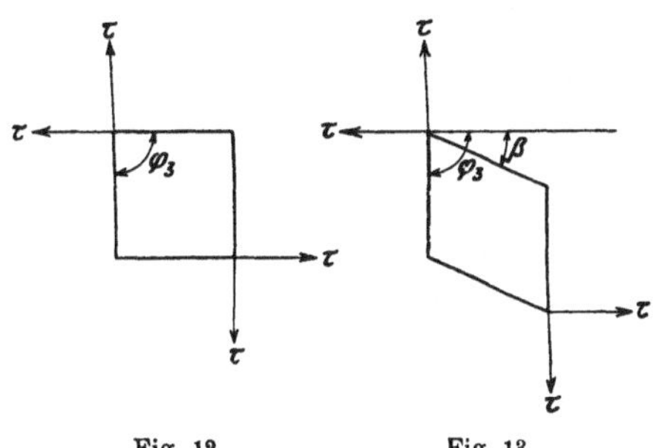

Fig. 12. Fig. 13.

Wie jedoch aus den weiter unten besprochenen Versuchen hervorgeht (vgl. 2. Teil), tritt der Einfluß der Normalspannung σ und der Verdrehung β auf die Größe der inneren Reibung R ($= \tau$) gegenüber jenem der Schiebung γ nicht nur bei Zug- und Druckbeanspruchung, sondern auch bei Torsionsbeanspruchung meist stark zurück, so daß die hier gegebene Ableitung der Beziehung zwischen Torsionsdiagramm und „Fließkurve" — wenigstens als Näherungsverfahren — zulässig ist.

Aus der „Fließkurve" läßt sich daher nicht nur das Zug- und Druckdiagramm, sondern auch das Torsionsdiagramm leicht bestimmen.

Diese drei Deformationsdiagramme stehen daher in einer durch die „Fließkurve" gegebenen gesetzmäßigen Beziehung.

Zweiter Teil.

Versuchsergebnisse.[32])

1. Vergleichende Zug-Druckversuche.

Diese Versuche erstreckten sich auf Kupfer[33]), Flußeisen (von 0,08 % C), weichen Flußstahl (von 0,52 % C) und harten Flußstahl (von 0,77 % C).

Von jedem Materiale wurden mindestens stets 3 Parallelversuche durchgeführt.

Die Zugstäbe waren Rundstäbe von 40 cm Gesamtlänge, 20 cm Meßlänge und 25 mm Durchmesser, die Druckkörper Zylinder von 10 cm Höhe, 3,57 cm Durchmesser (10 cm^2 Querschnitt) und 5 cm Meßlänge. Bei den Druckkörpern betrug daher das Verhältnis der Höhe zum Durchmesser fast 3,0, so daß innerhalb der zu beobachtenden Deformationen einerseits kein erheblicher Einfluß der Druckflächenreibung (vgl. S. 26/28 und Anmerk. 30), anderseits doch aber auch noch keine vorzeitige Ausknickung zu befürchten war.

Die Messung der Längenänderung erfolgte (bei Zug wie bei Druck) mittels Nonienablesung auf $^1/_{100}$ mm genau, und zwar stets auf zwei gegenüberliegenden Seiten des Probestückes. Bei den Zugversuchen wurde die Messung bis zum Beginn der Kontraktion (Erreichung der Maximalbelastung), bei den Druckversuchen bis zum Beginn der Ausknickung durchgeführt. Bei den höheren Belastungsstufen machte sich das (im 3. Teile ausführlich erörterte) Nachfließen des Materiales (bei konstanter Belastung) schon unangenehm fühlbar.

Die Zugversuche wurden gemeinsam mit Herrn Dozenten Dr. techn. Alfons Leon ausgeführt[34]).

---

[32]) Für die Versuche stellte uns Herr Professor Bernhard Kirsch in entgegenkommendster Weise das mechanisch-technische Laboratorium der Technischen Hochschule in Wien zur Verfügung.

[33]) Für Kupfer wurden die Zug- und Druckdiagramme einer Abhandlung von O. Meyer „Über den Zusammenhang von Zug- und Druckdiagrammen bei Stahl, Eisen und Kupfer“ — „Baumaterialienkunde“ 1905, Heft 18, entnommen.

[34]) Vgl. A. Leon, „Über die Beziehung der Kegeldruckhärte zur Streckgrenze bei Eisen und Stahl“ — „Stahl und Eisen“ 1907, Nr. 50, S. 1820.

Die Ergebnisse der vergleichenden Zug-Druckversuche veranschaulichen graphisch Fig. 1 bis 4 auf Tafel III.

Die mittleren Zugdiagramme sind mit Z, die mittleren Druckdiagramme mit D und dementsprechend die aus diesen Diagrammen in besprochener Weise, unter Vernachlässigung des Einflusses von σ und β auf R, bestimmten „Fließkurven" mit F_Z bzw. F_D bezeichnet.

Bei den Zug- und Druckdiagrammen wurden aufgetragen als Abszissen die Dehnungen bzw. Zusammendrückungen λ und als Ordinaten die auf den ursprünglichen Querschnitt f_0 bezogenen Belastungen P/f_0; bei den „Fließkurven" als Abszissen die spezifischen Schiebungen γ und als Ordinaten die inneren Reibungen R.

Die Abszissenmaßstäbe der Zug- und Druckdiagramme wurden doppelt so groß und deren Ordinatenmaßstäbe halbmal so groß gewählt als jene der „Fließkurven" (also $1\,\%\,\lambda = 2\,\%\,\gamma$ und $2\ \mathrm{kg/cm^2}\ P/f_0 = 1\ \mathrm{kg/cm^2}\ R$).

Die Abweichungen der „Fließkurven" F_Z und F_D voneinander ergeben den summarischen Einfluß sämtlicher bei der theoretischen Ableitung der „Fließkurve" gemachten Voraussetzungen.

Wie ersichtlich ist derselbe bei den untersuchten Materialien[35]) stets unter 10 %, also verhältnismäßig (in Anbetracht der nicht unbeträchtlichen unvermeidlichen Unhomogenität der Eisensorten) gering; bei dem homogeneren Kupfer (Fig. 1) fallen beide „Fließkurven" (F_Z und F_D) sogar ganz zusammen.

Erwähnt sei noch, daß insbes. zu Beginn der bleibenden Deformationen die Inflexionserscheinung (vgl. Anmerk. 56) diesen Diagrammteil unsicher macht, so daß, wenn auch meist die Stauchgrenze die Streckgrenze mehr oder weniger (bis um 10 %) überragte, doch auch öfters umgekehrt die Streckgrenze etwas höher (oder gleich hoch) wie die Stauchgrenze lag.

Die Figuren 1—4 lassen auch erkennen, daß die Druckdiagramme eine etwas weitergehende Ermittlung der „Fließkurve" zuließen wie die Zugdiagramme.

---

[35]) Natürlich ist dieses Ergebnis nicht unmittelbar auch auf andere Materialien übertragbar.

Hervorgehoben sei jedoch, daß die hier skizzierten Anschauungen über den Verlauf der bleibenden Deformationen wegen ihrer hohen Anpassungsfähigkeit auch anwendbar sind, falls der erwähnte experimentell bestimmte summarische Einfluß ein bedeutender ist, indem die dann nicht zu vernachlässigende Abhängigkeit der inneren Reibung von σ, β etc. sich graphisch berücksichtigen läßt.

2. Vergleichende Zug-Torsionsversuche.

Diese Versuche wurden mit Aluminium-, 2 Sorten Messing-, Kupfer-, Tombak-, Packfong- und Eisendrähten von 6 mm Durchmesser durchgeführt, und zwar sowohl mit hartgezogenen wie mit nachher sorgfältig ausgeglühten.

Hierdurch war es auch gleichzeitig möglich, den Einfluß der Kaltbearbeitung durch Ziehen auf Zug- und Torsionsdiagramm sowie auf die „Fließkurve" zu untersuchen. Mit jedem Materiale wurden wieder mindestens stets je drei Parallelversuche gemacht und hierbei sowohl die Zug- wie die Torsionsdiagramme mittels Schaulinienzeichner aufgenommen.

Für die Torsionsversuche stellte uns Herr Hofrat Professor Dr. Ing. h. c. Friedrich Kick eine Torsionsmaschine mit Diagrammapparat (Bauart Amsler-Laffon) zur Verfügung, welche sich sehr gut bewährt hat. Diese Maschine gestattet, noch Torsionsmomente von Kilogrammmillimeter sowie Hundertstel einer Verwindung abzulesen. Sie arbeitet mit einem (in Kugellagern drehbaren) Belastungspendel und mißt bei voller Belastung Torsionsmomente bis 6 mkg oder bei Wegnahme eines oder beider Ansteckgewichte bis 4 bzw. 2 mkg, bei entsprechend gesteigerter Empfindlichkeit.

Der Antrieb der Maschine erfolgt mit Handkurbel, und ermöglicht eine einfache Umstellvorrichtung an der Kurbel, das Futter rasch oder langsam zu drehen.

Die Ergebnisse der vergleichenden Zug-Torsionsversuche wurden auf Tafel II, Fig. 1 bis 12 zusammengestellt.

Die voll ausgezogenen Kurven Z stellen das mittlere Zugdiagramm, die voll ausgezogenen Kurven T das mittlere Torsionsdiagramm vor.

Die unter Vernachlässigung des Einflusses σ und β auf R aus den Zugdiagrammen konstruierten „Fließkurven" wurden wieder mit F_Z, die aus den Torsionsdiagrammen mittels des auf S. 31/35 erörterten Näherungsverfahrens abgeleiteten „Fließkurven" mit F_T bezeichnet.

Bei den Zugdiagrammen wurden aufgetragen als Abszissen wieder die auf den ursprünglichen Querschnitt bezogenen Dehnungen λ, als Ordinaten aber die wirklichen Belastungen P; bei den Torsionsdiagrammen als Abszissen die jeweiligen Verdrehungen der Zylinderoberfläche pro Längeneinheit, also:

$$\gamma_r = \frac{2 \pi r z}{l}$$

(wobei r den Drahthalbmesser, z die Verwindungszahl und l die Drahtlänge[36]) bedeutet — vgl. Gl. 11) und als Ordinaten die zugehörigen Drehmomente M.

Die Abszissenmaßstäbe der Zugdiagramme wurden doppelt so groß gewählt wie die der Torsionsdiagramme (also $1\,\%\,\lambda = 2\%\,\gamma_r$), während die Ordinatenmaßstäbe von Zugdiagramm und Torsionsdiagramm in der Beziehung:

$$10\,\text{kg} = 1\ \text{kgcm}$$

stehen[37]), wodurch die Scheitelordinaten des Zug- und Torsionsdiagrammes und der hieraus abgeleiteten „Fließkurven" theoretisch (falls $\omega_1 = \omega_2 = 45^0$) zum Zusammenfallen gebracht, also auch die Ermittlung der „Fließkurve" aus dem Torsionsdiagramm wesentlich vereinfacht worden ist (vgl. 1. Teil, 3. Kapitel).

Bei Vergleich der Fließkurven F_Z und F_T fällt vor allem das verschiedene Verhalten „gezogener" (hart gezogener und nachher nicht ausgeglühter) und „geglühter" (hart gezogener, doch nachher sorgfältig ausgeglühter) Drähte auf.

Bei ersteren zeigen nämlich die Kurven F_Z und F_T oft einen wesentlich verschiedenartigen Verlauf (insbesondere bei Eisen und Tombak), was vermutlich auf die (durch die Wirkung des Zieheisens beim Drahtziehen hervorgerufene) bedeutende Homöotropie hart gezogener (nicht ausgeglühter) Drähte zurückzuführen sein dürfte. Denn bei den ausgeglühten Drähten, bei denen diese Homöotropie durch Ausglühen fast ganz beseitigt wurde[38]), weichen diese beiden Kurven relativ nur wenig — höchstens um 7 % — voneinander ab.

Der summarische Einfluß sämtlicher (bei der Konstruktion der „Fließkurve" aus Zug- und Torsionsdiagramm) gemachten Voraussetzungen betrug also bei den untersuchten Materialien[39]) (die hartge-

[36]) Die Drahtlänge l ist eigentlich als ein Mittelwert aufzufassen, da dieselbe bei der Verdrehung im allgemeinen nicht konstant bleibt, sondern oft nicht unbeträchtlich (z. B. bei Tombak geglüht bis ca. 5 %) zunimmt.

[37]) Nach Gl. 7 ist, falls $\omega_1 = \omega_2 = 45^0$: $\tau_0 = {}^1/_2\,P_0/f_0$ (wobei P_0, die der Schubspannung τ_0, also der Dehnung $\lambda = 0$ entsprechende Belastung).

Diesen Wert von τ_0 in $M_0 = {}^2/_3\,\pi\,r^3\,\tau_0$ (Gl. 17) eingesetzt, gibt:

$$M_0 = {}^1/_3\,\pi\,r^3\,\frac{P_0}{f_0} = {}^1/_3\,\pi\,r^3\,\frac{P_0}{\pi\,r^2} = {}^1/_3\,r\,P_0$$

bzw. für $r = 0{,}3$ cm:

$$M_0 = {}^1/_{10}\,P_0.$$

[38]) Daß auch das Ausglühen diese Homöotropie nicht ganz beseitigt, ließen während der Verdrehung ausgeglühter Drähte auftretende schraubenförmige stets parallel zur ursprünglichen Längsrichtung verlaufende Anrisse deutlich erkennen.

[39]) Vgl. Anm. 35.

zogenen nicht ausgeglühten natürlich ausgenommen) nicht über 7 % und ist daher die früher (im 1. Teile) gegebene Ableitung der „Fließkurve“ aus dem Zug- und aus dem Torsionsdiagramme praktisch zulässig.

Hiermit ist der experimentelle Nachweis erbracht, daß es innerhalb der angeführten Genauigkeitsgrenze wirklich möglich ist, aus der gegebenen „Fließkurve“ eines Materiales nicht nur dessen Zug- und Druckdiagramm, sondern auch dessen Torsionsdiagramm auf einfache Weise zu bestimmen.

Ein Vergleich der „Fließkurven“ F_Z und F_T zeigt auch noch, daß die Torsionsprobe oft eine weitaus vollständigere Ermittlung der „Fließkurve“ zuläßt als die Zugprobe (oder auch die Druckprobe).

Hervorgehoben sei auch, daß, wie aus einem Vergleiche der Zug- und der Torsionsdiagramme (z. B. von „Eisen gezogen“ und insbesondere von „Kupfer gezogen“) unmittelbar zu ersehen ist, der Zugversuch kalt bearbeitetes (bzw. hart gezogenes) Material viel spröder erscheinen läßt als der Torsionsversuch, da bei kalt bearbeitetem Materiale der Kulminationspunkt des Zugdiagrammes meist nach viel geringerer Deformation erreicht wird wie jener des Torsionsdiagrammes[40]).

Hierbei ist jedoch zu beachten, daß bei flachen Torsionsdiagrammen die maximale Verwindungszahl (analog wie bei flachen Zugdiagrammen die Dehnung — vgl. S. 21/22) oft einen recht unsicheren Maßstab für das Deformationsvermögen gibt, da hier zufolge der dann eintretenden „Labilität der Kraftübertragung“ die geringste Querschnittsdifferenz oder Materialunhomogenität genügt, die „Abschiebung“ einzuleiten[41]).

Während demnach die maximale Verwindungszahl mitunter (bei flachen Torsionsdiagrammen) eine recht schwankende Größe sein kann, ist das maximale Torsionsmoment sehr genau (und zwar am genauesten natürlich gerade bei flachen Torsionsdiagrammen) bestimmbar. Auch gewinnt der Wert des maximalen Torsionsmomentes darum noch an Bedeutung, weil er im allgemeinen einen viel sichereren Rückschluß auf die Größe der eventuell erreichbaren maximalen inneren Reibung bzw. Kaltbearbeitung eines Materiales zuläßt als andere Wertziffern, so z. B. als die „Zugfestigkeit“.

Von besonderem Interesse scheint uns daher auch ein Vergleich der „Zugfestigkeit“ und des maximalen Torsionsmomentes sowie insbesondere die Änderung dieser Werte durch Hartziehen und Ausglühen.

---

[40]) Dies bestätigt übrigens indirekt die früher (S. 22) erwähnte fallweise Überlegenheit der „Kontraktion“ als Schmeidigkeitsmaß gegenüber der „Bruchdehnung“.

[41]) Vgl. P. Ludwik, „Über Zähigkeit und Schmeidigkeit“ — „Zeitschr. für Werkzeugmaschinen und Werkzeuge“ 1908, Heft 23, Anm. 50.

Die Ergebnisse unserer Zugversuche bestätigten, daß — wie allgemein bekannt — die „Zugfestigkeit“ des hart gezogenen Materiales meist bedeutend größer ist als jene des ausgeglühten, wogegen mit den gleichen Materialien durchgeführte Torsionsversuche mitunter gar keine (z. B. bei Eisen), stets aber viel geringere Erhöhung der Torsionsfestigkeit (als der „Zugfestigkeit“) durch das Hartziehen erkennen ließen.

Zur Erklärung dieser Erscheinung dürfte es hier genügen, auf die bereits früher (S. 25) über das Wesen und die Bedeutung der „Zugfestigkeit“ bei einschnürenden Materialien angestellten Betrachtungen hinzuweisen.

Aus all dem Obigen ist auch zu ersehen, daß die im heutigen Materialprüfungswesen leider noch so gar nicht gewürdigte Torsionsprobe häufig nicht nur ein vollständigeres, sondern auch ein anschaulicheres reineres Bild bezüglich der bei der Deformation stattfindenden Änderung der Materialbeschaffenheit gibt als die Zugprobe.

3. Zug-Torsionsversuche am gleichen Materiale.

Wie früher erörtert (vgl. S. 16), muß bei jeder bleibenden Deformation neben der spezifischen Schiebung γ der Massenteilchen längs zweier Scharen von Gleitflächen auch gleichzeitig eine relative Verdrehung β dieser Gleitflächen gegen das ursprüngliche Material stattfinden.

Während jedoch bei gleichbleibender Beanspruchungsart diese Verdrehung β natürlich eine stetige ist, wird beim Übergang von einer Beanspruchungsart auf eine andere eine plötzliche unstetige Änderung der Gleitflächenrichtung stattfinden, welche z. B. beim Übergang von Zug auf Torsion sogar etwa 45° beträgt (falls die Achse des tordierten Stabes in der ursprünglichen Zugrichtung liegt).

Um den Einfluß der Verdrehung β möglichst hervortreten zu lassen, machten wir daher auch Torsionsversuche mit vorher (in der Richtung der Stabachse) gestreckten Materialien und untersuchten hierbei, ob und in welchem Grade spezifische Schiebungen γ gleicher absoluter Größe, einerseits nur durch Torsion, anderseits aber durch Zug und unmittelbar nachfolgende Torsion hervorgerufen, die Art der Zunahme der inneren Reibung R mit der spezifischen Schiebung γ, also die Form der „Fließkurve“, ändern.

Diese Zug-Torsionsversuche wurden mit ausgeglühten Kupfer- und Messingdrähten durchgeführt. Die Kupferdrähte wurden vor der Torsion um 10%, 25% und 35%, die Messingdrähte um 10%, 25% und 50% ihrer ursprünglichen Länge gedehnt.

Die dann sofort mit diesen vorgestreckten Drähten vorgenommenen Torsionsversuche ergaben die in Fig. 11 und 12 auf Tafel III dargestellten Torsionsdiagramme T_1 T_2 T_3 (wobei wieder als Abszissen die Verdrehungen γ_r und als Ordinaten die zugehörigen Drehmomente M aufgetragen wurden).

Die Abszissen 0 1, 0 2, 0 3 entsprechen bei Kupfer spezifischen Schiebungen γ von 19, 44 und 60 % (bzw. Dehnungen λ von 10, 25 und 35 %), bei Messing von 19, 44 und 80 % (bzw. Dehnungen λ von 10, 25 und 50 %).

T ist das normale Torsionsdiagramm (des gar nicht vorgestreckten Materiales) und F_T die in bekannter Weise aus diesem Diagramm abgeleitete „Fließkurve".

Bei Ermittlung der „Fließkurven" F_1 F_2 F_3 aus den Torsionsdiagrammen T_1 T_2 T_3 mußten natürlich auch die durch die vorangegangene Streckung verminderten Stabquerschnitte berücksichtigt bzw. die Maßstäbe der Torsionsmomente mit der dritten Potenz des Drahtdurchmessers geändert werden (vgl. Gl. 14).

Die Abweichungen der „Fließkurven" $F_1 F_2 F_3$ von der „Fließkurve" F_T lassen dann den gesuchten Einfluß der Änderung der Beanspruchungsart, bzw. der hiermit verbundenen plötzlichen Änderung der Richtung der Gleitflächen, auf die Form der „Fließkurve" klar hervortreten. Derselbe äußerte sich in einer geringen, mit der Größe der vorangegangenen Streckung etwas zunehmenden Erhöhung der inneren Reibung, welche jedoch selbst bei einer Vorstreckung von 50 % (der ursprünglichen Länge) die Größe von 5 % nicht überstieg (vgl. Abweichung der Kurve F_3 von F_T in Fig. 12 auf Tafel III).

Drei sowohl mit Kupfer wie mit Messing (hier nicht aufgenommene) Parallelversuche führten zu demselben Ergebnisse.

All dies bestätigt, daß — wenigstens innerhalb gewisser Grenzen — die Form der „Fließkurve" von der Verdrehung β bzw. von der Art des Fließvorganges nur wenig beeinflußt wird.

4. Torsionsversuche mit wechselnder Drehrichtung.

Im vorigen wurden ausschließlich gleichsinnig wirkende Schiebungen in Betracht gezogen.

Zweck der mit wechselnder Drehrichtung an ausgeglühten Kupfer- und Messingdrähten durchgeführten Torsionsversuche war es vor allem zu untersuchen, inwiefern entgegengesetzt gerichtete Schiebungen die Größe der inneren Reibungen beeinflussen.

Durch eine kleine Umänderung der erwähnten Amsler-Laffonschen Torsionsmaschine wurde die Aufzeichnung von Torsionsdiagrammen auch bei entgegengesetzter Drehrichtung ermöglicht.

Fig. 5 bis 10 auf Tafel III zeigen so erhaltene (entsprechend umgezeichnete) Diagramme.

Als Abszissen wurden wieder die Verdrehungen γ_r, jedoch ohne Rücksicht auf die Drehrichtung, als Ordinaten die zugehörigen Torsionsmomente M aufgetragen.

Die Strecke 0 1 (Fig. 5—10, Tafel III) entspricht also einer positiven Verdrehung, die Strecke 1 2 einer etwa gleich großen Rückverdrehung, die Strecke 2 3 wieder einer gleich großen positiven Verdrehung etc.

Die absolute Größe dieser Hin- bzw. Rückdrehung sei mit γ_x (= 0 1 = 1 2 = 2 3 etc.), das normale Torsionsdiagramm mit T, dessen maximale Ordinate mit T_{max} (= maximales Torsionsmoment), die die Teildiagramme I, II, III etc. umhüllende (strichliert eingezeichnete) Kurve mit T', deren maximale Ordinate mit T'_{max} und die zugehörige Abszisse mit γ' bezeichnet.

Von unseren einschlägigen (in Fig. 5 bis 10 auf Tafel III nur teilweise dargestellten) Versuchsergebnissen sei hier nur mitgeteilt, daß mit abnehmender Verdrehung γ_x die Differenz $T_{max} - T'_{max}$, die Verdrehung γ' und die totale Verdrehung (bis Brucheintritt) zunimmt.

Je kleiner also die Verdrehung γ_x gewählt wird, ein um so geringeres Torsionsmoment bringt das Material zum Bruche, aber eine um so größere absolute Verdrehung wird hierzu benötigt.

Bei kleinem Deformationsintervall γ_x genügt daher schon eine relativ geringe Materialbeanspruchung, den Bruch herbeizuführen.

In Fig. 8, 9 und 10 auf Tafel III wurde noch angedeutet, daß, falls ein mit wechselnder Drehrichtung ausgeführter Torsionsversuch vorzeitig abgebrochen und unter gleichsinniger Verdrehung beendet wird, dies eine nicht unbeträchtliche Erhöhung des maximalen Torsionsmomentes zur Folge hat.

Wir behalten uns vor, gelegentlich vielleicht noch andernorts auf die hier nur flüchtig angedeuteten bei wechselnder Deformationsrichtung auftretenden Erscheinungen ausführlicher zurückzukommen.

Mit Rücksicht auf die hohe praktische Bedeutung der Veränderung des Materiales bei oftmals wechselnder Beanspruchung wäre es sehr erwünscht, wenn auch von anderer Seite diese und ähnliche Fragen möglichst eingehend und umfassend studiert würden, wozu die hier mitgeteilten Versuche Anregung geben möchten.

Dritter Teil.

Einfluß der Deformationsgeschwindigkeit mit besonderer Berücksichtigung der Nachwirkungserscheinungen.

Im vorhergehenden wurde der Einfluß der Deformationsgeschwindigkeit auf die Größe der inneren Reibung grundsätzlich vernachlässigt.

Dieser Einfluß äußert sich bei den hier in Betracht kommenden Deformationen eventuell:

1. in einer Erhöhung der inneren Reibung mit der Deformationsgeschwindigkeit,
2. in einer Erhöhung der Brüchigkeit mit der Deformationsgeschwindigkeit,
3. in einem „Nachfließen“ bei konstanter Belastung.

Mithin ergibt sich folgende Gruppierung des hier zu behandelnden Stoffes.

1. Beziehung zwischen Deformationsgeschwindigkeit und Deformationswiderstand.

Während bei flüssigen Körpern die innere Reibung nach dem Newtonschen Gesetze proportional dem Geschwindigkeitsunterschiede der reibenden Flüssigkeitsschichten zunimmt, ist bei festen Körpern die Art des Einflusses der Deformationsgeschwindigkeit auf die Größe der inneren Reibung bekanntlich noch wenig erforscht[42]).

Da eine strenge Grenze zwischen flüssigen und festen Körpern nicht besteht, so liegt die Vermutung nahe, daß bei beiden Materialgruppen die Beziehung zwischen Geschwindigkeit und innerer Reibung keine grundsätzlich verschiedene ist.

---

[42]) Vgl. A. Martens, „Handbuch der Materialienkunde für den Maschinenbau“, S. 196—199 — Berlin 1908, Jul. Springer, wo auch weitere Literaturhinweise.

Im folgenden soll dies näher erläutert werden.

Ein an einem Ende fix eingespannter zylindrischer Stab (aus dehnbarem Materiale) von der Länge l_0 und dem Querschnitte f_0 werde in der Weise gedehnt, daß die mit „Streckgeschwindigkeit" V_1 bezeichnete Geschwindigkeit der beweglichen Einspannung stets konstant bleibe[43]).

Das zugehörige Zugdiagramm (als Abszissen die Dehnungen λ, als Ordinaten die Belastungen P aufgetragen) sei in Fig. 14 durch die Kurve Z_1 dargestellt.

Die Kurven $Z_2 Z_3 \ldots$ entsprächen auf ganz analoge Weise, nur mit größeren Streckgeschwindigkeiten $V_2 > V_1$, $V_3 > V_2 \ldots$, durchgeführten Zugproben.

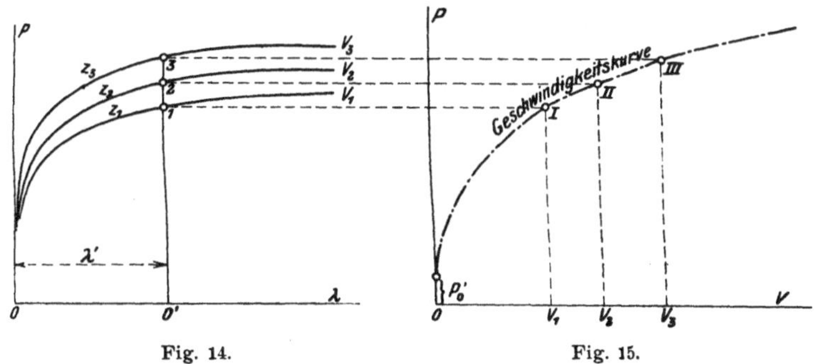

Fig. 14. Fig. 15.

Bei Materialien, deren innere Reibung von der Deformationsgeschwindigkeit nur wenig beeinflußt wird, können (insbesondere bei geringen Geschwindigkeitsunterschieden) natürlich die Zugdiagramme $Z_1, Z_2, Z_3 \ldots$ auch praktisch ganz zusammenfallen.

Ist dies jedoch nicht der Fall, so wird die Belastung P nicht nur von der Größe der vorangegangenen Deformation, sondern auch, oft sogar sehr beträchtlich (vgl. weiter unten), von der Deformationsgeschwindigkeit abhängig sein.

Um beide Einflüsse getrennt voneinander untersuchen zu können, ist es daher nötig, ein bestimmtes (doch beliebiges) — z. B. durch $\lambda = \lambda'$ gegebenes — Deformationsstadium herauszugreifen.

Für diese bestimmte Deformation λ' ist dann die bei Streckgeschwindigkeiten $V_1, V_2, V_3 \ldots$ erreichte Belastung $P_1, P_2, P_3 \ldots$ durch die Strecken $0'1$, $0'2$, $0'3 \ldots$ gegeben.

---

[43]) Bei konstanter Streckgeschwindigkeit nimmt wegen der Verlängerung des Drahtes beim Strecken die spezifische Dehnungsgeschwindigkeit (Dehnung der Längeneinheit in der Zeiteinheit) natürlich ab.

Trägt man die Streckgeschwindigkeiten V_1, V_2, V_3 ... als Abszissen und die Belastungen P_1, P_2, P_3 ... als Ordinaten auf, so erhält man die in Fig. 15 dargestellte Kurve, welche also die Abhängigkeit der Belastung P von der Streckgeschwindigkeit V bei einer gewissen Dehnung λ' veranschaulicht.

Nach Gl. 8 S. 22 ist $R = {}^1/_2\, P/f \sin 2\, \omega_1$. Falls ω_1 wieder als konstant angenommen wird, ist R proportional der Zugspannung P/f, demnach für $\lambda = \lambda'$ = konstant, also auch f = konstant, die innere Reibung R proportional der Belastung P.

Nach Gl. 2 S. 17 ist $\gamma = \frac{2\,\alpha}{\sin 2\, \omega_1}$, für ω_1 = konstant, also die spezifische Schiebung γ proportional der „effektiven Dehnung" α. Daher ist auch die spezifische Schiebungsgeschwindigkeit v (relative Verschiebung zweier im Abstande 1 befindlicher Gleitflächen in der Zeiteinheit) proportional der spezifischen Dehnungsgeschwindigkeit (Dehnung der Längeneinheit in der Zeiteinheit) bzw. für $\lambda = \lambda'$ = konstant, auch proportional der Streckgeschwindigkeit V. Da für das gleiche (durch $\lambda = \lambda'$ bestimmte) Deformationsstadium sich somit R proportional P und v proportional V ändert, so drückt die Kurve I II III ... (Fig. 15) auch gleichzeitig die Beziehung zwischen R und v aus.

Diese Beziehung zwischen der inneren Reibung R und der spezifischen Schiebungsgeschwindigkeit v sei im folgenden als „Geschwindigkeitskurve" angesprochen[44]).

Die „Geschwindigkeitskurve" charakterisiert also die Beziehung der inneren Reibung R zur spezifischen Schiebungsgeschwindigkeit v (bei konstanter spezifischer Schiebung γ), während die „Fließkurve" (wie im 1. Teile erörtert) die Beziehung der inneren Reibung R zur spezifischen Schiebung γ (bei konstanter Deformationsgeschwindigkeit v) bestimmt.

Die Abhängigkeit der inneren Reibung von der Größe der Deformationsgeschwindigkeit ist also durch die „Geschwindigkeitskurve", die Abhängigkeit der inneren Reibung von der Größe der vorangegangenen Deformation durch die „Fließkurve" gegeben.

Durch diese Scheidung ist es möglich, den Einfluß der Deformationsgeschwindigkeit auf die innere Reibung ganz gesondert von jenem der vorangegangenen Deformation zu untersuchen. Andernorts veröffentlichte[45]) mit Zinndrähten (und zwar sowohl bei konstanter Belastung P

---

[44]) Selbstverständlich läßt sich die „Geschwindigkeitskurve" auf ganz analoge Weise auch z. B. aus einem Druckversuche ableiten.

[45]) Vgl. P. Ludwik, „Über den Einfluß der Deformationsgeschwindigkeit bei bleibenden Deformationen mit besonderer Berücksichtigung der Nach-

wie bei konstanter Streckgeschwindigkeit V), unter Änderung der Streckgeschwindigkeit um das Zehnmillionfache, durchgeführte Versuche ergaben, daß innerhalb dieses Geschwindigkeitsintervalles die „Geschwindigkeitskurve“ den Charakter einer logarithmischen Kurve hat. In Fig. 2, Tafel I ist die für eine Dehnung λ' = ca. 15 % bestimmte „Geschwindgkeitskurve“ von Zinn dargestellt. Da bei dieser Dehnung annähernd auch stets die jeweilige Zugfestigkeit K_z erreicht wurde, so veranschaulicht diese Kurve auch gleichzeitig die Zunahme der Zugfestigkeit K_z mit der Streckgeschwindigkeit V.

Die Ordinate R_0' des Schnittpunktes der „Geschwindigkeitskurve“ mit der Ordinatenachse entspricht dann jener auf den ursprünglichen Querschnitt f_0 bezogenen Grenzbelastung $P_0' = R_0' f_0$, welche das Material auch bei unendlich langer Einwirkung gerade noch erträgt. Jede über P_0' liegende Belastung P bringt es zum Bruche, und zwar um so rascher, je mehr P von P_0' abweicht.

Wie unsere Versuche ergaben (vgl. Anm. 45), liegt für Zinn R_0' unter rund 15 kg/cm², und trägt ein Zinnstab bei einem normalen Zugversuche (1—2 % Dehnung pro Minute) etwa 20 mal (!) mehr als bei äußerst langsamer Streckung.

Der hier erörterte Charakter der „Geschwindigkeitskurve“ bedingt auch, daß bei größeren Deformationsgeschwindigkeiten die innere Reibung mit der Deformationsgeschwindigkeit nur wenig mehr zunimmt, und erklärt so, daß — wie Kick[46]) experimentell nachwies — bei Schlagstauchversuchen die Deformation innerhalb ziemlich weiter Grenzen unabhängig von der Geschwindigkeit des Schlages ist.

Nach der ermittelten Form der „Geschwindigkeitskurve“ würde selbst bei Zinn innerhalb eines Geschwindigkeitsintervalles von 3 bis 10 m (entsprechend Hubhöhen von ½ bis 5 m) der Deformationswiderstand (eines ca. 10 cm hohen zylindrischen Probekörpers) höchstens um ca. 5 % variieren.

Die „Geschwindigkeitskurven“ von „Flüssigkeiten“ unterscheiden sich von jenen „fester Körper“ dadurch, daß bei Flüssigkeiten die „Geschwindigkeitskurven“ stets (für beliebige Schiebungen γ) durch den Koordinatenursprung gehen, für $v = 0$ also stets auch $R = 0$ wird, d. h. um eine unendlich langsame relative Verschiebung beliebiger Größe zweier Flüssigkeitsschichten hervorzubringen, genügt eine unendlich kleine Kraft.

---

wirkungserscheinungen“ — „Physikalische Zeitschrift“, 10. Jahrgang, 1909, Nr. 12, S. 411.

[46]) Fr. Kick, „Das Gesetz der proportionalen Widerstände und seine Anwendungen“, S. 55 und 87 — Leipzig 1885, Artur Felix.

Da ferner bei Flüssigkeiten die innere Reibung R bekanntlich proportional der spezifischen Schiebungsgeschwindigkeit v zunimmt, so sind die „Geschwindigkeitskurven“ von Flüssigkeiten durch den Koordinatenursprung gehende Gerade, deren Neigung zur Abszissenachse durch die Viskosität der betreffenden Flüssigkeit gegeben ist.

Ob diese Gerade nicht vielleicht als eine nur innerhalb gewisser Geschwindigkeitsgrenzen geltende Annäherung an eine äußerst flache logarithmische Kurve aufzufassen wäre, muß vorläufig noch dahingestellt bleiben[47]).

2. Beziehung zwischen Deformationsgeschwindigkeit und Deformationsvermögen.

Die Abhängigkeit der inneren Reibung R von der Deformationsgeschwindigkeit v ist bei verschiedenen Materialien, wenn auch möglicherweise gleicher Art (vgl. Anm. 47), so doch sehr verschiedener Größe.

Bedeutend z. B. bei Flüssigkeiten, manchen Harzen, Blei, Zinn, Zink; gering z. B. bei Kupfer, Messing, Tombak, Packfong, Bronze, Eisen und Stahl.

Doch auch im letzteren Falle, wo diese Abhängigkeit scheinbar praktisch ganz zu vernachlässigen ist, kann sich dieselbe unter Umständen (insbesondere bei Materialien mit flachen Fließkurven) recht unangenehm durch Erhöhung der Brüchigkeit des Materiales gegen Schlagwirkung bemerkbar machen, was noch gar nicht beachtet worden zu sein scheint.

Eine Erklärungsmöglichkeit dieser Erscheinung sei in Fig. 16 angedeutet.

F_1 und F_2 wären die „Fließkurven“ (Abszissen sind die spezifischen Schiebungen γ, Ordinaten die zugehörigen inneren Reibungen R) eines Materiales für zwei verschiedene Deformationsgeschwindigkeiten v_1 und v_2, wobei $v_2 > v_1$. Tritt im 1. Falle z. B. der Bruch (durch

[47]) Da bei zähflüssigen Körpern einerseits das beobachtbare Geschwindigkeitsintervall nach oben infolge Wirbelbildungen durch die „kritische Geschwindigkeit“ eingeengt ist, und anderseits bei langer Versuchsdauer der hier sehr störende Einfluß selbst geringer Temperaturschwankungen schwierig völlig auszuschließen ist, so wäre es immerhin möglich, daß hierdurch eventuelle minimale Abweichungen der „Geschwindigkeitskurve“ von der Geraden verschleiert blieben.

Es wäre daher von hohem wissenschaftlichen Interesse, insbesondere den Übergang der zähflüssigen zu den festen Körpern bzw. der Geraden zu der logarithmischen Kurve (an Versuchen mit Harzen u. dgl.) näher zu studieren.

Kohäsionsüberschreitung etc.) ein, sobald die innere Reibung R den Wert R_1 überschreitet, so wird im 2. Falle (bei gleichartiger Beanspruchung) der analoge Spannungszustand ($R_1 = R_2$) bereits nach viel geringerer Deformation ($0\,2 < 0\,1$) erreicht. Das vorliegende Material würde also (trotz relativ geringer Beeinflussung der inneren Reibung durch die Deformationsgeschwindigkeit) bei rascher Deformation (z. B. bei dynamischer Beanspruchung) eine viel geringere Schmeidigkeit[48]) aufweisen als bei langsamer[49]).

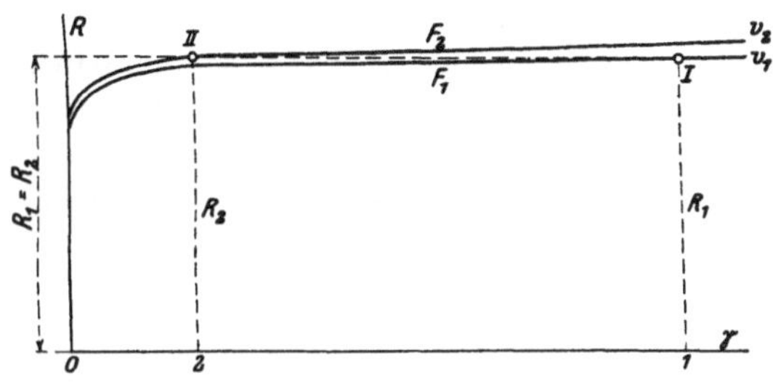

Fig. 16.

Dies dürfte vielleicht auch wenigstens eine der Ursachen sein[50]), daß z. B. bei Biegeversuchen mit vollen wie mit gekerbten Stäben aus Gußeisen, Flußstahl und Flußeisen das Verhältnis der dynamischen zur statischen Biegearbeit innerhalb weiter Grenzen (0,62 bis 3,5) schwankte[51]).

---

[48]) Vgl. P. Ludwik, „Über Zähigkeit und Schmeidigkeit" — „Zeitschrift für Werkzeugmaschinen und Werkzeuge" 1908, Heft 23, S. 327.

[49]) Eine Reduktion des Deformationsvermögens könnte natürlich statt durch vorzeitigen Bruch auch durch vorzeitige Lokalisierung der Deformation — zufolge mit geringfügiger Änderung der Form der „Fließkurve" eventl. verbundener vorzeitiger Erreichung des Belastungshöchstwertes (maximale Zugbelastung, maximales Torsionsmoment etc.) — stattfinden, wenn die durch eine solche Lokalisierung hervorgerufene Erhöhung der spezifischen Streckgeschwindigkeit (vgl. S. 20) dies nicht kompensierend verschleiern würde.

[50]) Ob und wie sich die Kohäsion (nicht die „Zugfestigkeit") mit der Deformation ändert, ist noch nicht erforscht.

Vielleicht dürfte hierbei auch die Verschiedenheit intrazellularer (innerhalb der Zellen) und interzellularer (zwischen den Zellen erfolgender) Brüche von Einfluß sein.

[51]) Vgl. A. Leon und P. Ludwik, „Vergleichende statische und dynamische Kerbbiegeproben" — „Mitteilungen aus dem mechanisch-technischen Laboratorium der k. k. Technischen Hochschule in Wien", 6. Heft, Wien 1900, Lehmann & Wentzel.

Am drastischsten kommt natürlich eine derartige Reduktion des Deformationsvermögens bei Materialien zum Ausdrucke, welche neben flacher „Fließkurve" noch eine mit der Deformationsgeschwindigkeit stark veränderliche innere Reibung und relativ geringe Kohäsion besitzen.

Ein solches Material ist beispielsweise das Pech.

Bei Pech ist nach Untersuchungen von Obermayer[52]) die innere Reibung R (unabhängig von der vorangegangenen Deformation) annähernd proportional der Deformationsgeschwindigkeit v.

Bei langsamer Beanspruchung wird wegen der geringen Deformationsgeschwindigkeit die innere Reibung klein bleiben (bei $v = 0$ wäre sogar $R = 0$), daher auch die maximale auftretende Zugspannung einen gewissen unterhalb der Kohäsionsgrenze liegenden Wert nicht erreichen, wogegen bei rascher Beanspruchung zufolge des dann stark (etwa proportional der Deformationsgeschwindigkeit) zunehmenden Deformationswiderstandes die maximale Zugspannung sehr bald die Kohäsion überschreitend den Bruch herbeiführen wird.

Dies erklärt, daß sich Pech bei statischer Beanspruchung wie eine zähe Flüssigkeit, bei dynamischer aber wie ein spröder fester Körper verhält.

3. Nachwirkungserscheinungen.

Die Abhängigkeit der inneren Reibung von der Deformationsgeschwindigkeit gestattet auch die beim „Nachfließen" bzw. „Nachstrecken" — eine der bekanntesten und interessantesten Nachwirkungserscheinungen[53]) — beobachteten Vorgänge einfach und anschaulich zu deuten.

[52]) A. v. Obermayer, „Ein Beitrag zur Kenntnis der zähflüssigen Körper" — LXXV. Band der Sitzber. der k. Akademie der Wissenschaften, II. Abteil. Aprilheft, Jahrg. 1877.

[53]) Unter „Nachfließen" versteht man die bei konstanter Belastung allmählich erfolgende Ausbildung einer bleibenden Deformation und unter „Nachstrecken" ein bei Zugbeanspruchung stattfindendes Nachfließen.

Die allmähliche teilweise Rückbildung der Form nach erfolgter Entlastung gehört ebenfalls zu den Nachwirkungserscheinungen, ist jedoch von geringerer Bedeutung, da sie der Größe nach gegenüber der Nachfließung meist ganz zurücktritt.

Vermutlich dürfte die Ursache der Rückbildung der Form unter dem Einflusse der Zeit in durch Spannungsrückstände eingeleiteten — zufolge der weiter unten besprochenen Verringerung der inneren Reibung mit der Deformationsgeschwindigkeit wesentlich erleichterten — Umlagerungen von Massenteilen zu suchen sein.

In Fig. 17 und desgleichen in Fig. 18, 19 und 20 seien wieder verschiedenen (konstanten) Streckgeschwindigkeiten V — sonst gleichen Versuchsbedingungen — entsprechende Zugdiagramme (Abszissen sind die Dehnungen λ, Ordinaten die Belastungen P) dargestellt.

In Fig. 17 entspräche dem untersten Diagramme die Geschwindigkeit $V_0 = 0$, also eine unendlich lange Versuchsdauer, den übrigen Kurven, Geschwindigkeiten $V_3 > V_2 > V_1 > 0$. Denken wir uns nun das Material z. B. durch eine Zugkraft $P = P_x$ (vgl. Fig. 17) belastet, so wird es einen Gleichgewichtszustand erst nach einer Dehnung um $\lambda = 0\,0_x$ erreichen können. Denn wie aus Fig. 17 unmittelbar ersichtlich ist, würde für die Dehnungen $\lambda < 0\,0_x$ stets $V > 0$, z. B. für $\lambda = 0\,1$: $V = V_1$, für $\lambda = 0\,2$: $V = V_2$ etc.

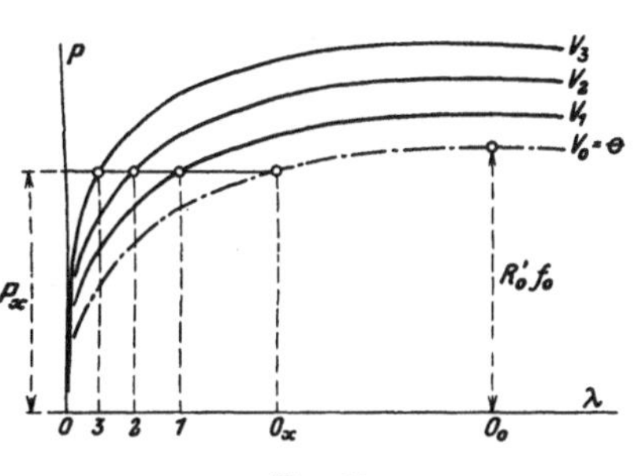

Fig. 17.

Die jeder Dehnung ($\lambda = 0\,1, 0\,2 \ldots$) entsprechende Streckgeschwindigkeit ($V = V_1, V_2 \ldots$) ist also eindeutig bestimmt.

Solange $P < R_0' f_0$ ($R_0' f_0 = P_{max}$ für $V = 0$, vgl. Fig. 17), wird demnach V anfänglich rasch, dann immer langsamer bis Null abnehmen.

Häufig bietet schon die Vorgeschichte des Materials (diverse mechanische und thermische Einwirkungen) Anlaß zu solchen Spannungsrückständen.

Daß beispielsweise jede bleibende Biegung innere Spannungen hinterläßt, wurde andernorts gezeigt (Vgl. P. Ludwik, „Technologische Studie über Blechbiegung, ein Beitrag zur Mechanik der Formänderungen" — „Technische Blätter", 1903, S. 145).

Analoges gilt für Torsionsbeanspruchungen etc. Häufig werden mit obigen in nahem Zusammenhange stehende Nachwirkungserscheinungen als „elastische Nachwirkungen" bezeichnet. Dieselben sind zurückzuführen nach W. Weber (Pogg. Ann. *34*, 247, 1835 und *54*, 9, 1841) und F. Kohlrausch (Pogg. Ann. *72*, 393, 1847; *119*, 337, 1863; *128*, 399, 1866; *155*, 579, 1875; *158*, 337, 1876) auf eine Drehung der Molekülachsen, nach J. Cl. Maxwell (Constitution of Bodies [Encyclop. Brit., 9. Aufl., 1877]; vgl. auch Tait, Eigenschaften der Materie, Wien 1888, S. 221) auf einen Übergang labiler Molekülkonfigurationen in stabilere, nach E. Warburg (Wied. Ann. *4*, 233—249, 1878; desgl. ausführlicher in Ber. d. naturf. Ges. z. Freiburg i. Br., VIII, Heft 2, 1878) auf Abweichungen der Moleküle von der Kugelgestalt, nach F. Neesen (Pogg. Ann. *157*, 579, 1876) durch Molekularstöße etc. Siehe auch: O. Lehmann, Molekularphysik, 2. Bd., S. 387 bis 389 (Leipzig, Wilhelm Engelmann, 1889) und A. Winkelmann, Handbuch der Physik, 2. Aufl., 1. Bd., S. 796—831 (Leipzig, J. A. Barth, 1908), wo auch weitere Literaturhinweise.

Ist jedoch $P > R_0' f_0$, so wird — was auch unsere einschägigen Versuche mit Zinndrähten durchaus bestätigten — V zwar zuerst ebenfalls allmählich abnehmen, nach Überschreitung der $R_0' f_0$ entsprechenden Dehnung $\lambda = 0\,0_0$ jedoch langsam wieder wachsen, bis schließlich der Bruch erfolgt.

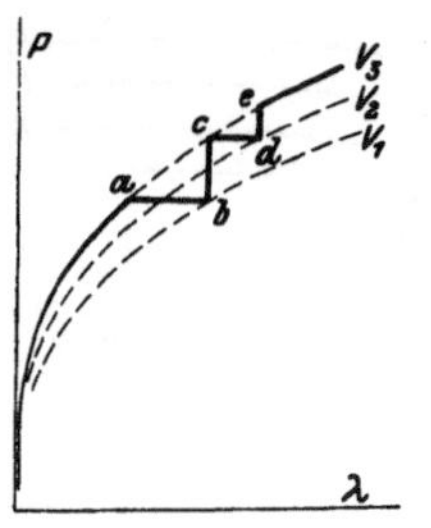

Fig. 18.

Das „Nachfließen" bzw. Nachstrecken des Materiales ist also die notwendige Folge der Abhängigkeit der inneren Reibung von der Deformationsgeschwindigkeit.

Obige Erwägung erklärt auch auf das ungezwungenste verschiedene einschlägige Versuchsergebnisse.

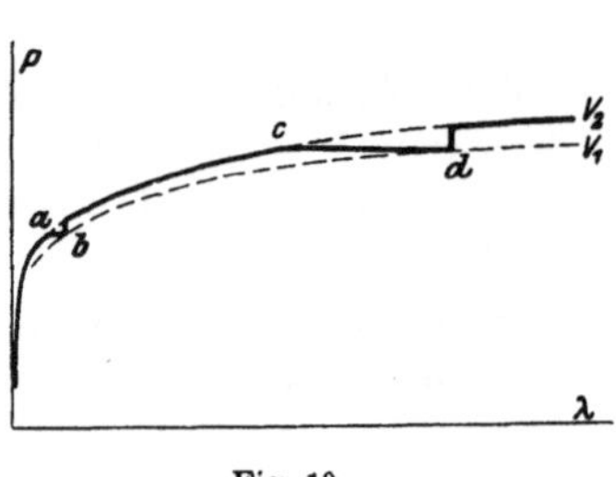

Fig. 19.

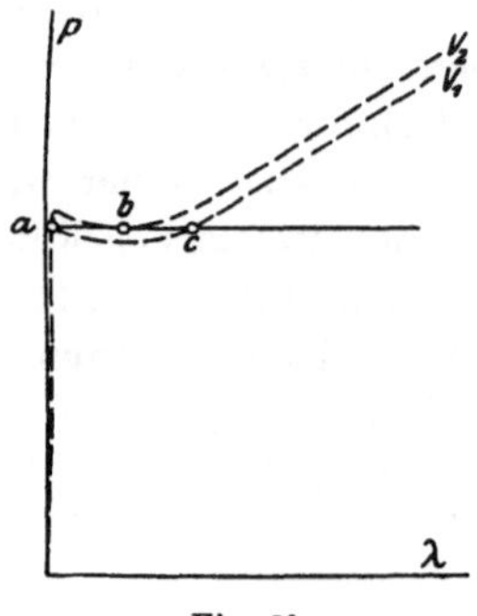

Fig. 20.

So z. B. die Beobachtungen von Bauschinger[54]), welche ergaben, daß jede „Belastungspause"[55]) eine im allgemeinen mit der Dauer derselben zunehmende Erhöhung der Streckgrenze bewirkte (vgl. Fig. 18: die Erhöhung der Streckgrenze um b c nach der längeren Belastungspause a b ist größer wie jene um d e nach der kürzeren c d), daß die Nachstreckungen (bei etwa gleicher Geschwindigkeitsänderung) in den ersten Deformationsstadien viel kleiner sind wie bei schon fortgeschrittener Streckung (vgl. Fig. 19: Nachstreckung $ab < cd$), daß ferner die Nachstreckungsgeschwindigkeit zumeist allmählich abnimmt (vgl. Fig. 17), daß dieselbe jedoch in gewissen Fällen, z. B. bei Eisen, nach längeren vorausgegangenen Belastungspausen [vermutlich zufolge des Wiedereintrittes

[54]) J. Bauschinger, „Einfluß der Zeit bei Zerreißversuchen mit verschiedenen Metallen" — „Mitteilungen aus dem mechanisch-technischen Laboratorium der k. Technischen Hochschule in München", 20. Heft, Theodor Ackermann, 1891.

[55]) Mit „Belastungspause" sei kurz jenes Zeitintervall bezeichnet, während dessen das Material mit konstanter Belastung beansprucht wird.

der Inflexion unter dem Einflusse der Zeit[56])] zuerst zu- und dann erst abnimmt[57]) (vgl. Fig. 20: von a bis b nimmt die Nachstreckungsgeschwindigkeit von V_1 bis V_2 zu, von b bis c von V_2 wieder bis V_1 und über c dann noch weiter bis Null ab).

---

[56]) Vgl. auch P. Ludwik, „Zugversuche mit Flußeisen“ — „Technische Blätter“ 1904, S. 9. „Inflexion“, d. i. unstetiger Verlauf des Zugdiagrammes an der Streckgrenze.

Die Erhöhung der Streckgrenze während einer Entlastungspause (Zeitintervall, während dessen das Material nach einer gewissen bleibenden Deformation vollkommen entlastet bleibt), eine der noch ungeklärtesten Nachwirkungserscheinungen, dürfte wohl innig mit dem Wiedereintritte der Inflexion zusammenhängen, da nach unseren einschlägigen (nicht veröffentlichten) Zugversuchen Materialien, welche keine Inflexion aufwiesen (z. B. Zinn, Zink, Messing, manche Eisen- und viele Stahlsorten etc.), auch keine erhebliche Erhöhung der Streckgrenze, selbst während einer mehrwöchigen Entlastungspause erkennen ließen.

[57]) Vgl. Mitteilungen München, 20. Heft, S. 29.

Schlußwort (Zusammenfassung).

Im folgenden seien die wichtigsten Ergebnisse dieser Arbeit kurz zusammengefaßt.

Elastische Formänderungen beruhen auf der elastischen Deformierbarkeit der Körperelemente (Molekülgruppen, Massenteilchen), bleibende auf deren bleibender relativer Verschiebbarkeit.

„Kohäsion" ist jene spezifische Normalkraft (Zugspannung), welche erforderlich ist, eine Berührung benachbarter Körperelemente aufzuheben, „innere Reibung" R jene spezifische Tangentialkraft (Schubspannung), die nötig ist, eine bleibende relative Verschiebung γ derselben einzuleiten.

Die innere Reibung R_0 des „ursprünglichen Materiales" ist gleich der „Schubgrenze" desselben.

Diese Reibung R_0 kann sich bei der Deformation wesentlich ändern:

1. mit der Größe der Deformation bzw. der spezifischen Schiebung γ,
2. mit der Größe der Deformationsgeschwindigkeit bezw. der spezifischen Schiebungsgeschwindigkeit v.

Gegen diese Einflüsse tritt jener der Belastung bzw. der Normalspannung σ (senkrecht zur Gleitfläche) praktisch meist zurück.

„Flüssige" Körper sind jene, bei denen für $v = 0 : R = 0$, „feste" Körper, bei denen für $v = 0 : R > 0$.

Die Beziehung der inneren Reibung R zur spezifischen Schiebung γ (bei konstanter Schiebungsgeschwindigkeit v) ist durch die sogenannte „Fließkurve" (Abszissen γ, Ordinaten R), die Beziehung der inneren Reibung R zur spezifischen Schiebungsgeschwindigkeit v (bei konstanter Schiebung γ) durch die sogenannte „Geschwindigkeitskurve" (Abszissen v, Ordinaten R) gegeben.

Je höher der Beginn der „Fließkurve" liegt, um so härter ist das „ursprüngliche Material", je steiler dieselbe verläuft, eine um so intensivere kalte Härtung erfährt es mit wachsender Deformation, und einen um so bedeutenderen Deformationswiderstand setzt es seiner weiteren Kaltbearbeitung entgegen.

Je steiler die „Geschwindigkeitskurve“ ansteigt, um so stärker nimmt der Deformationswiderstand mit der Deformationsgeschwindigkeit zu. Bei Zinn ist die „Geschwindigkeitskurve“ eine logarithmische Kurve, bei Flüssigkeiten eine Gerade.

Die bleibende Deformation beginnt in sogenannten „Gleitflächen“, sobald dort die Größe der Schubspannung jene der inneren Reibung überschreitet.

Bei jeder bleibenden Formänderung erfolgt:

1. eine mit fortschreitender Deformation zunehmende relative Verschiebung γ der Massenteilchen längs zweier Scharen von Gleitflächen, welche den gleichen „Wirkungswinkel“ ω gegen die Richtung der größten Hauptspannung einschließen.

Hierbei ist:

ω = konstant, falls die Art der Abhängigkeit R von σ die gleiche bleibt, und $\omega = 45^0$, falls R unabhängig von σ.

2. eine mit fortschreitender Deformation zunehmende relative Verdrehung β der Gleitflächen gegen das ursprüngliche Material.

Diese Verdrehung β ist auch abhängig von der Art der Formänderung. (So z. B. verdrehen sich bei Zug und Druck beide Gleitflächenscharen, wogegen bei Torsion die eine Schar fast keine Verdrehung erfährt.)

Unter dem gemeinsamen Einflusse von γ und β (Größe und Art der vorangegangenen spezif. Schiebung) auf die Größe der inneren Reibung wird das ursprünglich homogene und isotrope Material mehr oder weniger (je nach der Größe dieses Einflusses) „homöotrop“.

Aus vergleichenden Zug-Druckversuchen mit Kupfer, Flußeisen und Flußstahl, aus vergleichenden Zug-Torsionsversuchen mit Kupfer, Messing, Packfong, Tombak und Eisen sowie aus Torsionsversuchen mit vorgestreckten Materialien geht jedoch hervor, daß der Einfluß der Verdrehung β auf die Größe der inneren Reibung, insbesondere gegen den der Schiebung γ, meist stark zurücktritt, und sonach vor allem die Beziehung zwischen innerer Reibung R und spezifischer Schiebung γ, also die „Fließkurve“, das Verhalten eines Materiales bei der Deformation charakterisiert.

Aus dem Zug- sowohl wie auch aus dem Druckdiagramme läßt sich die „Fließkurve“ annähernd (bei Vernachlässigung des Einflusses von σ auf R) ableiten, unter Berücksichtigung der Relationen:

Gl. 6 . . . . $\gamma = 4{,}6 \log (1 + \lambda)$

bei Zug bzw.

Gl. 6' . . . . $\gamma = 4{,}6 \log \frac{1}{1 - \lambda}$

bei Druck und

$$\text{Gl. 8 u. 8}' \ldots\ldots \quad R = \frac{1}{2}\frac{P}{f},$$

wobei λ die auf die ursprüngliche Länge bezogene Dehnung bzw. Zusammendrückung und P/f die auf die jeweilige Querschnittsfläche bezogene Belastung bedeutet.

Aber auch aus dem Torsionsdiagramme läßt sich die „Fließkurve", u. zw. sogar meist einfacher und viel vollständiger bestimmen, da, wie erörtert, das Torsionsdiagramm den gleichen Charakter wie die „Fließkurve" zeigt (insofern als, falls die Fließkurve eine Parabel höherer Ordnung, auch das Torsionsdiagramm eine Parabel gleicher Ordnung ist).

Die auf diese Weise aus Zug-, Druck- und Torsionsdiagramm bestimmten Fließkurven weichen bei den untersuchten Materialien relativ nur wenig (max. 10 %) voneinander ab, womit der Nachweis erbracht ist, daß Zug-, Druck- und Torsionsdiagramm in einer durch die „Fließkurve" gegebenen gesetzmäßigen gegenseitigen Beziehung stehen, und daß die „Fließkurve" (wenigstens innerhalb der beobachteten Grenzen) nur wenig von der Art der Beanspruchung beeinflußt wird.

Umgekehrt läßt sich daher auch aus der gegebenen „Fließkurve" eines Materiales dessen Zug-, Druck- und Torsionsdiagramm ableiten.

Da diese eine Kurve sonach das Verhalten des Materiales bei verschiedenen Beanspruchungen zum Ausdrucke bringt, so ist dieselbe als eine überaus wertvolle — da primäre — technologische Materialcharakteristik zu betrachten.

Untersucht man diverse technologische Proben und Wertziffern in ihrer Beziehung zur „Fließkurve", so eröffnen sich völlig neuartige Ausblicke.

So z. B. läßt sich leicht nachweisen, daß bei einschnürenden Materialien (also bei den meisten Metallen) die „Zugfestigkeit" weder ein Maß für die „Kohäsion" (spezif. Zugfestigkeit) noch für die maximale innere Reibung, sondern bloß einen ungefähren Anhaltspunkt über die Höhenlage der „Fließkurve" bzw. über die Größe einer mit der Form der „Fließkurve" jedoch stark variierenden mittleren inneren Reibung gibt.

Da ein solcher beiläufiger Mittelwert der inneren Reibung sich aber weitaus einfacher und billiger (als durch einen Zugversuch) aus der Materialhärte mittels der meist am Stücke direkt durchführbaren Kugel- bzw. Kegeldruckproben ermitteln läßt, so geht schon hieraus hervor, daß bei einschnürenden Materialien, die Bedeutung der „Zugfestigkeit" für die Beurteilung der technologischen

Materialqualität entschieden überschätzt wird, und daß bei solchen Materialien Zugproben, welche lediglich zur Bestimmung der „Zugfestigkeit" (nicht auch der Schmeidigkeit etc.) dienen, in vielen Fällen vorteilhaft durch Kugel- bzw. Kegeldruckproben ersetzt werden könnten.

Aus ähnlichen Betrachtungen ergibt sich auch die fallweise Überlegenheit der „Kontraktion" gegenüber der „Bruchdehnung", der Torsionsprobe gegenüber der Zugprobe etc.

Die Beziehung zwischen „Fließkurve", Zug- und Druckdiagramm läßt ferner auch erkennen, das eine Druckdeformation grundsätzlich eine intensivere Kalthärtung des Materiales bewirkt als eine Zugdeformation (bei gleicher Größe der Dehnung und Zusammendrückung λ).

Die mit wechselnder Drehrichtung durchgeführten Torsionsproben zeigen, daß bei kleinen Verdrehungen schon eine relativ geringe Materialbeanspruchung den Bruch einzuleiten vermag.

Die erörterte Beziehung zwischen innerer Reibung R und Deformationsgeschwindigkeit v endlich erklärt auf das einfachste alle beim „Nachfließen" beobachteten Vorgänge, ferner den verschwindenden Einfluß der Schlaggeschwindigkeit auf die Größe der Deformation bei Schlagstauchversuchen, die oft sehr beträchtliche Erhöhung der Materialbrüchigkeit bei dynamischer Zug- und Biegebeanspruchung etc.

tional material from *Beiträge zur Beurtheilung des Nutzens der Schutzpockenimpfung,*
N 978-3-662-39229-4, is available at http://extras.springer.com